Ocean Satellite Viewing

Antarctica

海洋卫星看 南极

曾 韬 刘建强 石立坚 邹 斌 著

海洋出版社

2023年·北京

图书在版编目（CIP）数据

海洋卫星看南极 / 曾韬等著 . -- 北京 : 海洋出版
社 , 2023.10
ISBN 978-7-5210-1173-9

Ⅰ . ①海… Ⅱ . ①曾… Ⅲ . ①海洋观测卫星—卫星遥
感—应用—南极—科学考察 Ⅳ . ① P715.6 ② N816.61

中国版本图书馆 CIP 数据核字（2023）第 184780 号

责任编辑：刘　斌
责任印制：安　淼

海洋出版社　出版发行

http://www.oceanpress.com.cn
北京市海淀区大慧寺路 8 号　邮编：100081
鸿博昊天科技有限公司印刷
2023 年 10 月第 1 版　2023 年 10 月第 1 次印刷
开本：787mm×1092mm　1/16　印张：9
字数：120 千字　定价：128.00 元
发行部：010-62100090　邮购部：010-62100072　总编室 010-62100034
海洋版图书印、装错误可随时退换

南极位于地球最南端，季节性的光照条件差异巨大，是全球最寒冷的地区，具有极为特殊的自然环境。南极与全球气候变化、生态系统、地球化学、海平面变化等息息相关，在全球气候变暖的背景下，南极自然环境变化对全球环境的变化起着至关重要的作用。自 19 世纪人类发现南极大陆以来，不断对南极进行了探索和考察，多年来，随着科学技术的进步和发展，各国都相继在南极大陆建立了科学考察站，对南极开展大范围、多学科和系统化的科学研究。

卫星遥感作为一种快速、便捷的观测手段，现已在全球对地观测，特别是自然环境条件恶劣的地区观测中发挥了重要作用。从 2002 年 5 月 15 日发射第一颗海洋卫星至今，我国已经发射了十余颗海洋卫星，按观测用途分为海洋水色环境、海洋动力环境和海洋监视监测系列。目前，海洋一号在轨运行两颗（HY-1C、HY-1D）业务卫星，属于海洋水色环境系列，搭载光学载荷，可对地表进行成像。自海洋一号卫星运行至今，已在全球各地区获取了大量的遥感数据，其产品主要用于对全球叶绿素浓度、海表温度、海洋污染、水质环境、海冰、冰川、植被覆盖等的监测中。本图集通过对海洋一号卫星探测的南极典型自然地貌特征影像进行处理、修整、编辑而形成。这些影像包括南极冰川、南极冰架、南极冰山、南极冰舌、南极岛屿、南极冰面湖、南极蓝冰、南极海冰、南极山地、冰面裂缝、冰面纹理等。对南极和卫星影像感兴趣的读者可通过本书对南极地形地貌特征有一个直观的了解和感性认识。

本书中的相关地名主要参考资料来自《南北极地图集》和《南极洲中国地名图集》。由于本书中关于影像的描述知识大多通过专家知识解译获得，未经过实地勘测，难免存在解释错误的可能，望读者海涵。

编者于 2023 年 9 月

南极冰川

1 南极冰川 1（查尔斯王子山区域）………2
2 南极冰川 2（凯西冰川）……………………3
3 南极冰川 3（维多利亚地区域）…………4
4 南极冰川 4（科茨地区域）…………………5
5 南极冰川 5（毛德皇后地区域）…………6
6 南极冰川 6（阿黛利地区域）……………7
7 南极冰川 7（查尔斯王子山区域）………8
8 南极冰川 8（南极半岛区域）……………9

9 南极冰川 9（维多利亚地区域）………10
10 南极冰川 10（邦杰丘陵区域）…………11
11 南极冰川 11（福尔杰角附近）…………12
12 南极冰川 12（松岛冰川）………………13
13 南极冰川 13（玛丽·伯德地区域）……14
14 南极冰川 14（霍布斯海岸区域）………15
15 南极冰川 15（维多利亚地区域）………16
16 南极冰川 16（科茨地区域）……………17

南极冰山

1 南极冰山 1……………………………………18
2 南极冰山 2……………………………………19
3 南极冰山 3……………………………………20
4 南极冰山 4……………………………………21
5 南极冰山 5……………………………………22

6 南极冰山 6……………………………………23
7 南极冰山 7……………………………………24
8 南极冰山 8……………………………………25
9 南极冰山 9……………………………………26

南极冰舌

1 南极冰舌 1（吕措 - 霍尔姆湾区域）……27
2 南极冰舌 2（格雷角区域）………………28
3 南极冰舌 3（特拉诺瓦湾区域）…………29
4 南极冰舌 4（麦克默多湾区域）…………30

5 南极冰舌 5（奥茨地区域）………………31
6 南极冰舌 6（奥茨地区域）………………32
7 南极冰舌 7（奥茨地区域）………………33
8 南极冰舌 8（胡克角区域）………………34

南极岛屿

1　南极岛屿 1（罗斯岛）················· 35
2　南极岛屿 2（普里兹湾海域）········ 36
3　南极岛屿 3（利丹岛）················· 37
4　南极岛屿 4（詹姆斯·罗斯岛）········· 38
5　南极岛屿 5（南极半岛区域）········ 39
6　南极岛屿 6（纽曼岛）················· 40
7　南极岛屿 7（阿蒙森海域）··········· 41
8　南极岛屿 8（巴德海岸区域）········ 42
9　南极岛屿 9（迪塞普申岛）··········· 43
10　南极岛屿 10（斯诺岛）··············· 44
11　南极岛屿 11（南极半岛区域）······· 45
12　南极岛屿 12（纳尔逊岛）············· 46
13　南极岛屿 13（维多利亚地海岸区域）··· 47
14　南极岛屿 14（比科斯群岛 1）········ 48
15　南极岛屿 15（比科斯群岛 2）········ 49
16　南极岛屿 16（阿德莱德岛）·········· 50
17　南极岛屿 17（阿蒙森湾区域）········ 51

南极冰架

1　南极冰架 1（芬布尔冰架 1）········· 52
2　南极冰架 2（芬布尔冰架 2）········· 53
3　南极冰架 3（埃默里冰架）··········· 54
4　南极冰架 4（布兰特冰架）··········· 55
5　南极冰架 5（拉森冰架 1）··········· 56
6　南极冰架 6（沙克尔顿冰架）········ 57
7　南极冰架 7（马丁半岛区域）········ 58
8　南极冰架 8（霍布斯海岸区域）········ 59
9　南极冰架 9（盖茨冰架）············· 60
10　南极冰架 10（拉森冰架）············· 61
11　南极冰架 11（拉森冰架）············· 62
12　南极冰架 12（菲尔希纳冰架）········ 63
13　南极冰架 13（罗斯冰架）············· 64

南极冰面湖

1　南极冰面湖 1················· 65
2　南极冰面湖 2················· 66
3　南极冰面湖 3················· 67
4　南极冰面湖 4················· 68
5　南极冰面湖 5················· 69
6　南极冰面湖 6················· 70
7　南极冰面湖 7················· 71
8　南极冰面湖 8················· 72
9　南极冰面湖 9················· 73
10　南极冰面湖 10··············· 74

南极蓝冰

1　南极蓝冰 1················· 75
2　南极蓝冰 2················· 76
3　南极蓝冰 3················· 77
4　南极蓝冰 4················· 78
5　南极蓝冰 5················· 79
6　南极蓝冰 6················· 80
7　南极蓝冰 7················· 81
8　南极蓝冰 8················· 82
9　南极蓝冰 9················· 83
10　南极蓝冰 10··············· 84
11　南极蓝冰 11··············· 85
12　南极蓝冰 12··············· 86

南极海冰

1　南极海冰 1 ···············87　　　8　南极海冰 8 ···············94
2　南极海冰 2 ···············88　　　9　南极海冰 9 ···············95
3　南极海冰 3 ···············89　　　10　南极海冰 10 ·············96
4　南极海冰 4 ···············90　　　11　南极海冰 11 ·············97
5　南极海冰 5 ···············91　　　12　南极海冰 12 ·············98
6　南极海冰 6 ···············92　　　13　南极海冰 13 ·············99
7　南极海冰 7 ···············93　　　14　南极海冰 14 ·············100

南极山地

1　南极山地 1（毛德皇后地区域）·········101　　10　南极山地 10（南极半岛区域）·········110
2　南极山地 2（毛德皇后地区域）·········102　　11　南极山地 11（毛德皇后地区域）·······111
3　南极山地 3（维多利亚地区域）·········103　　12　南极山地 12（查尔斯王子山脉）·······112
4　南极山地 4（科茨地区域）·········104　　13　南极山地 13（玛丽·伯德地区域）·······113
5　南极山地 5（南极半岛区域）·········105　　14　南极山地 14（埃尔斯沃思山脉）·······114
6　南极山地 6（南极半岛区域）·········106　　15　南极山地 15（埃尔斯沃思山脉）·······115
7　南极山地 7（维多利亚地区域）·········107　　16　南极山地 16（维多利亚地区域）·······116
8　南极山地 8（横贯南极山脉）·········108　　17　南极山地 17（横贯南极山脉）·········117
9　南极山地 9（玛丽·伯德地区域）·········109

冰面裂隙

1　冰面裂隙 1（毛德皇后地沿岸）·····118　　5　冰面裂隙 5（菲尔希纳冰架区域）··122
2　冰面裂隙 2（埃默里冰架区域）·····119　　6　冰面裂隙 6（罗斯冰架区域）·······123
3　冰面裂隙 3（彭克角附近）·········120　　7　冰面裂隙 7（罗斯冰架区域）·······124
4　冰面裂隙 4（罗斯冰架区域）·······121

其他现象

1　冰面纹理 1 ···············125　　1　极地云 1 ···············130
2　冰面纹理 2 ···············126　　2　极地云 2 ···············131
3　冰面纹理 3 ···············127　　3　极地云 3 ···············132
4　冰面纹理 4 ···············128　　4　极地云 4 ···············133
5　冰面纹理 5 ···············129

海洋一号卫星介绍

　　海洋系列卫星根据不同要素的探测技术特点分为 3 个系列，包括海洋水色环境系列、海洋动力环境系列和海洋监视监测系列。海洋一号属于海洋水色环境系列卫星，主要用于海洋水色、水温和海岸带观测。从 2002 年 5 月 15 日至今，我国已发射 4 颗海洋水色卫星 HY-1A/B/C/D，其中 HY-1A/B 为试验卫星，HY-1C/D 为业务卫星。

　　HY-1C/D 业务卫星分别于 2018 年 9 月 7 日和 2020 年 6 月 11 日发射升空，作为海洋一号卫星星座的一部分，这两颗卫星采用上、下午卫星组网，具备全球观测能力，卫星上的主要载荷包括：海洋水色水温扫描仪、海岸带成像仪、紫外成像仪、星上定标光谱仪和船舶自动识别系统。本图集主要展示了海岸带成像仪（Coastal Zone Imager，CZI）获取的南极区域影像，载荷空间分辨率为 50 m，详细指标如下：

表 1　HY-1C/D 海岸带成像仪参数和主要用途

编号	波段（μm）	应用对象
1	0.42~0.50	叶绿素、污染、冰、浅海地形
2	0.52~0.60	叶绿素、低浓度泥沙、污染、滩涂
3	0.61~0.69	中等浓度泥沙、植被、土壤
4	0.76~0.89	植被、高浓度泥沙，大气校正

1　南极冰川 1（查尔斯王子山区域）

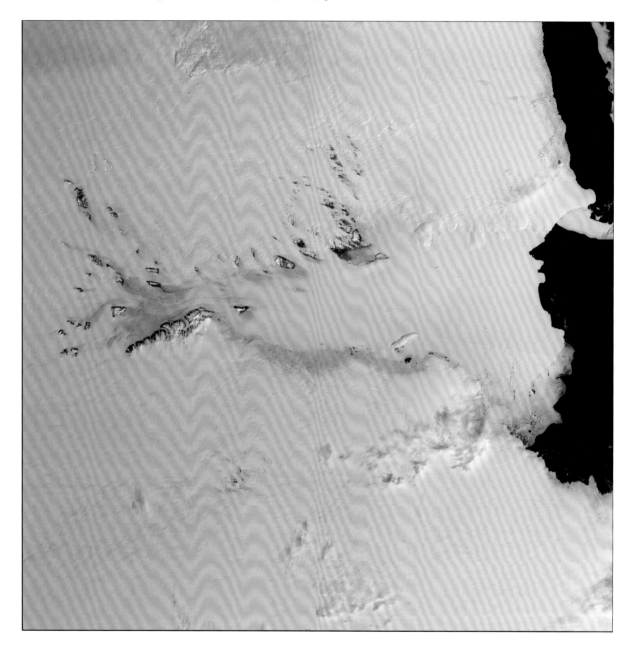

观　测　日　期：2022 年 2 月 8 日。

图　像　位　置：70.1° E，71.22° S。

数据源信息：海洋一号 C 卫星海岸带成像仪。

图　像　说　明：位于东南极区域，白色部分为南极冰川，图像中分布的灰棕色区域为查尔斯王子山脉，中部扇形区域为埃默里冰架。

2 南极冰川 2（凯西冰川）

- 观 测 日 期：2022 年 2 月 8 日。
- 图 像 位 置：48.1° E，67.8° S。
- 数据源信息：海洋一号 C 卫星海岸带成像仪。
- 图 像 说 明：位于东南极恩德比地的凯西冰川，图像中左下区域可以看出冰川流动形成的冰流线。

3　南极冰川 3（维多利亚地区域）

| | 观 测 日 期：2022 年 2 月 11 日。 |
| 图 像 位 置：160.6° E，78.9° S。 |
| 数据源信息：海洋一号 C 卫星海岸带成像仪。 |
| 图 像 说 明：该冰川位于东南极维多利亚地区域，图像中可以看见冰川经山谷之间流动进入冰架（图像左侧较平整区域）。 |

4 南极冰川 4（科茨地区域）

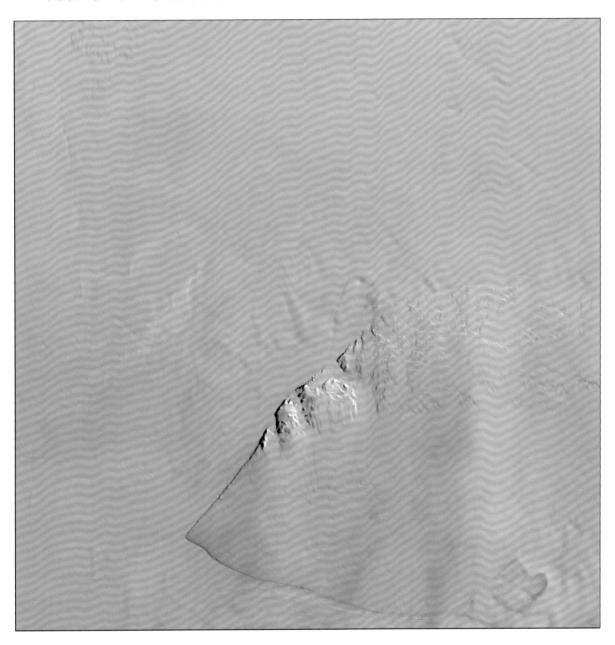

> 观 测 日 期：2019 年 10 月 30 日。
>
> 图 像 位 置：28.1°W，78.7°S。
>
> 数据源信息：海洋一号 C 卫星海岸带成像仪。
>
> 图 像 说 明：该冰川位于西南极科茨地附近，图像中可以看出该区域地形变化的特征。

5 南极冰川 5（毛德皇后地区域）

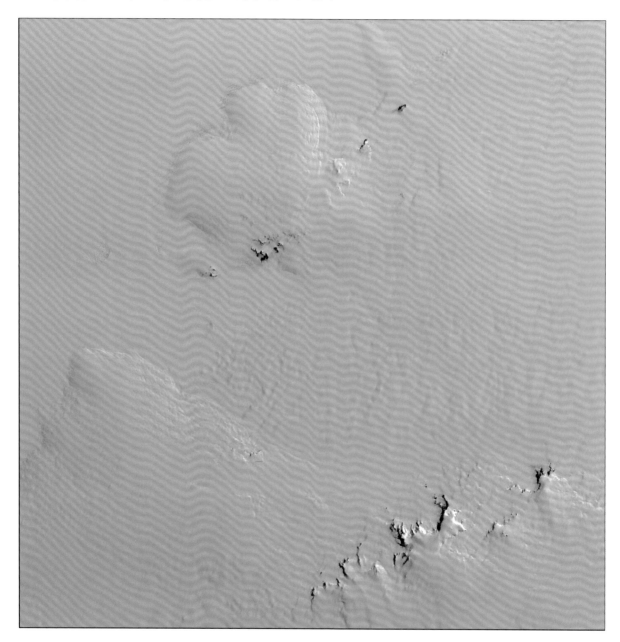

———— 观 测 日 期：2019 年 10 月 30 日。

———— 图 像 位 置：13.7° W，74.1° S。

———— 数据源信息：海洋一号 C 卫星海岸带成像仪。

———— 图 像 说 明：该冰川位于东南极毛德皇后地区域，图像位于南极海岸附近，左上较平整的
区域为冰架，整体上可以看出该区域的地形特征变化。

6 南极冰川 6（阿黛利地区域）

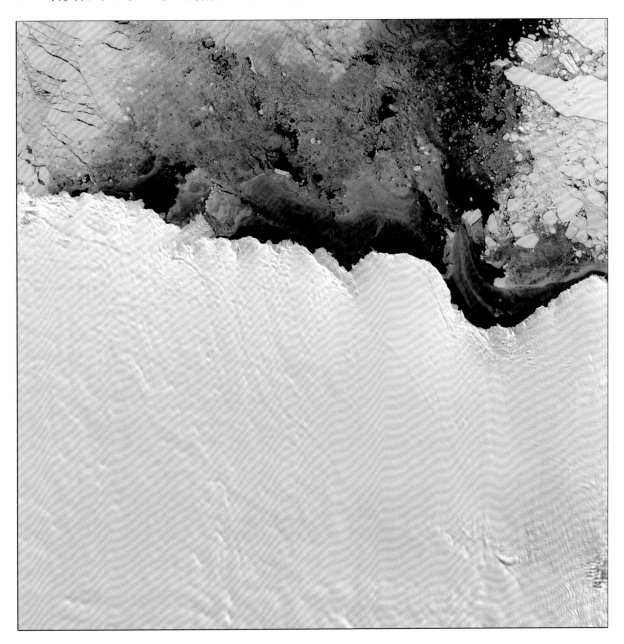

■ 观 测 日 期：2020 年 3 月 12 日。

■ 图 像 位 置：140.9° E，67.1° S。

■ 数据源信息：海洋一号 C 卫星海岸带成像仪。

■ 图 像 说 明：该冰川位于东南极阿黛利地海岸区域，下半部分为海岸冰川区域，上半部分
　　　　　　　为海洋部分，海洋结冰明显。

7 南极冰川 7（查尔斯王子山区域）

观 测 日 期：2019 年 12 月 5 日。

图 像 位 置：69.3° E，71.8° S。

数据源信息：海洋一号 C 卫星海岸带成像仪。

图 像 说 明：该冰川位于东南极查尔斯王子山区域，图像中棕黑色区域为未被冰雪覆盖的山地，浅蓝色为蓝冰，右下至左上可以看出因冰川流动而形成的冰流线。

8 南极冰川 8 （南极半岛区域）

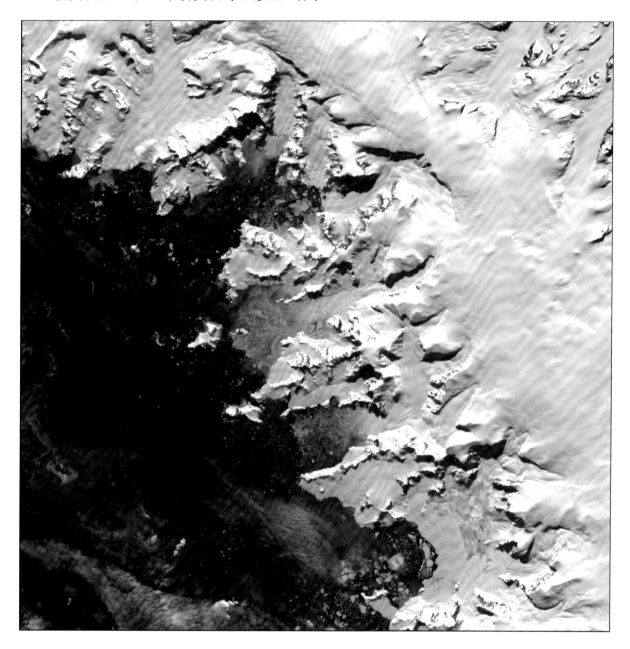

观 测 日 期：2020 年 1 月 20 日。

图 像 位 置：64.1° W，65.7° S。

数据源信息：海洋一号 C 卫星海岸带成像仪。

图 像 说 明：位于南极半岛海岸区域，可以看出该区域的冰川随着地形特征而产生的变化。

9 南极冰川9（维多利亚地区域）

观 测 日 期：2020年3月27日。

图 像 位 置：167.8°E，71.1°S。

数据源信息：海洋一号C卫星海岸带成像仪。

图 像 说 明：该冰川位于东南极维多利亚地海岸带区域，图像左侧可以看到两道明显的在山谷区域流动的冰川线条，右侧为海面，存在部分结冰现象。

10　南极冰川 10（邦杰丘陵区域）

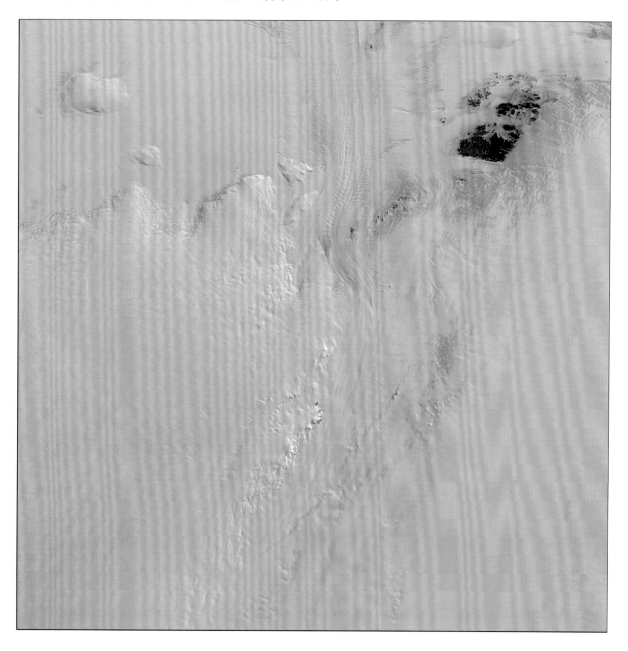

　观 测 日 期：2019 年 10 月 29 日。

　图 像 位 置：99.1° E，67.2° S。

　数据源信息：海洋一号 C 卫星海岸带成像仪。

　图 像 说 明：位于东南极邦杰丘陵区域，图像下半部分为冰川，上面部分区域为冰架，左
　　　　　　　　上角冰架区明显的凸起部分为海岛，被冰川覆盖，右上角的棕黑色部分为裸
　　　　　　　　露的岩石，浅蓝色为蓝冰区。

11 南极冰川 11（福尔杰角附近）

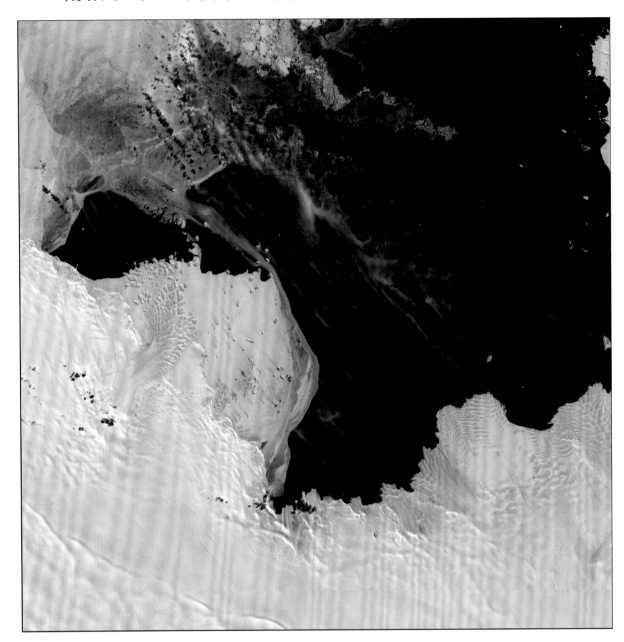

观 测 日 期：2019 年 10 月 29 日。

图 像 位 置：108.7° E，66.5° S。

数据源信息：海洋一号 C 卫星海岸带成像仪。

图 像 说 明：位于东南极福尔杰角附近区域，图像中可以看出多条冰川流向海洋。

12 南极冰川 12（松岛冰川）

	观 测 日 期：2019 年 1 月 22 日。
	图 像 位 置：100.0° W，75.1° S。
	数 据 源 信 息：海洋一号 C 卫星海岸带成像仪。
	图 像 说 明：该区域是位于西南极的松岛冰川，冰川流动形成的冰流线及纹理在图像中清晰可见。

13 南极冰川 13（玛丽·伯德地区域）

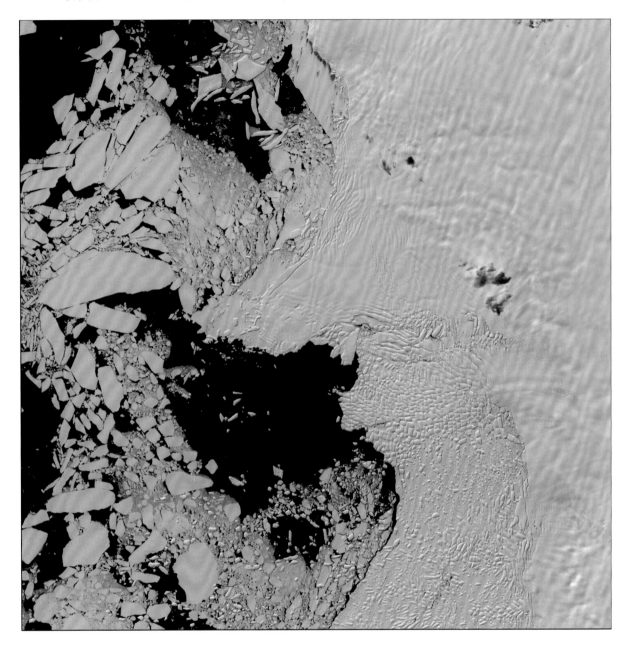

观 测 日 期：2019 年 1 月 22 日。

图 像 位 置：105.8° W，74.9° S。

数据源信息：海洋一号 C 卫星海岸带成像仪。

图 像 说 明：该冰川位于西南极玛丽·伯德地海岸区域，图像中可以看到海面存在大量因
　　　　　　冰川入海崩解后形成并混合在一起的冰山与海冰。

14　南极冰川 14（霍布斯海岸区域）

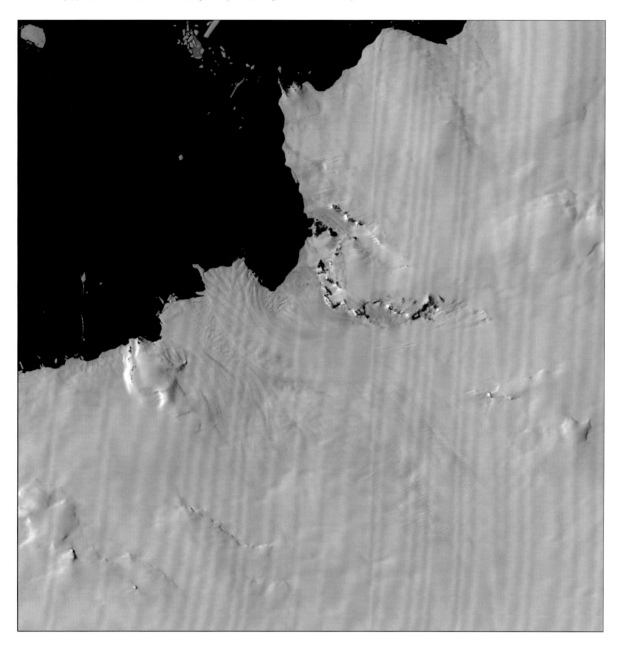

观 测 日 期： 2022 年 1 月 4 日。

图 像 位 置： 136.8° W，75.1° S。

数据源信息： 海洋一号 D 卫星海岸带成像仪。

图 像 说 明： 位于西南极霍布斯海岸区域，图像中可以看到冰川在该海岸区域的地形变化和冰流特征。

15 南极冰川 15（维多利亚地区域）

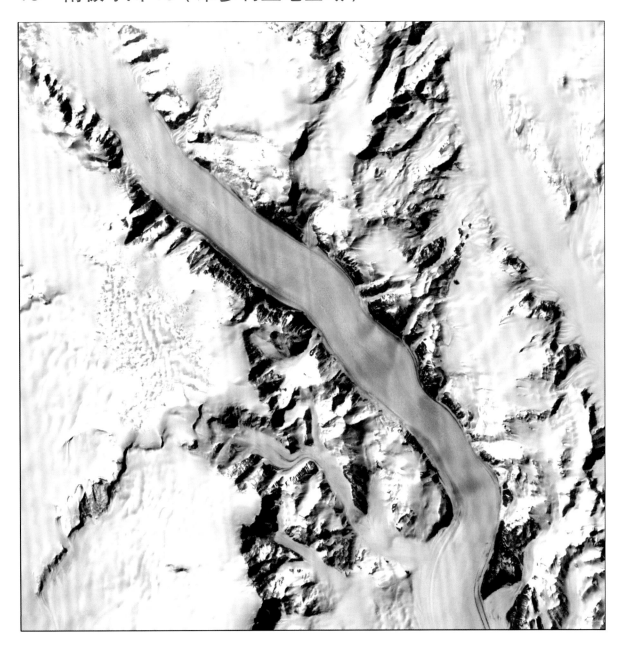

观 测 日 期：2022 年 01 月 14 日。

图 像 位 置：162.7° E，74.2° S。

数据源信息：海洋一号 D 卫星海岸带成像仪。

图 像 说 明：位于东南极维多利亚地的山地区域，图像中显示了该山地区域的冰川覆盖特
征，山谷区域的冰川也反映了该地区的冰川流动现象。

16　南极冰川 16（科茨地区域）

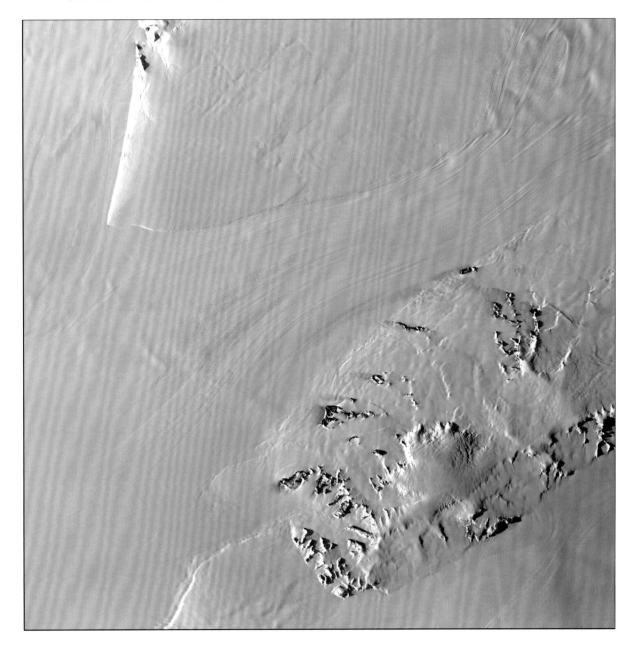

观　测　日　期：2021 年 10 月 1 日。

图　像　位　置：28.1° W，80.1° S。

数据源信息：海洋一号 D 卫星海岸带成像仪。

图　像　说　明：位于西南极科茨地附近区域，图像中显示了南极内陆冰川地形变化和流动
　　　　　　　特征。

南极冰山

1 南极冰山 1

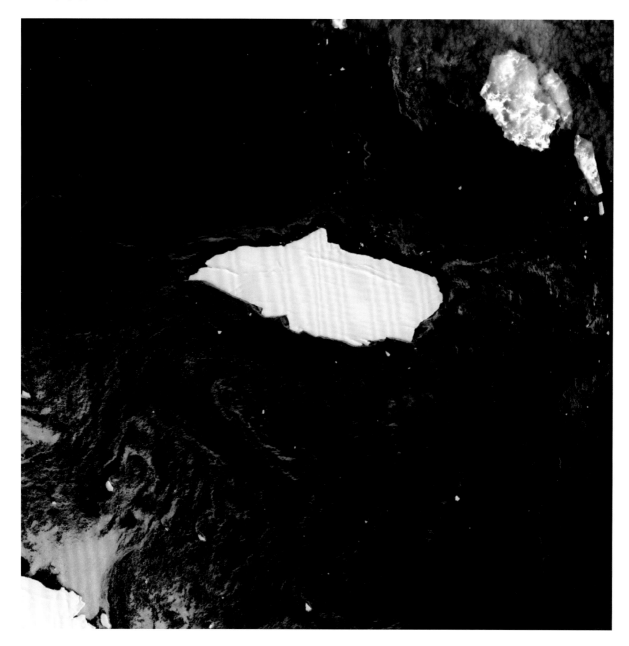

- 观 测 日 期：2022 年 2 月 2 日。
- 图 像 位 置：23.3° E，69.6° S。
- 数据源信息：海洋一号 C 卫星海岸带成像仪。
- 图 像 说 明：图像中显示了 3 座明显的冰山，分别位于中间和右上角；还能看到海面上存在一些海冰，其因受海流影响而呈条带状特征。

2　南极冰山 2

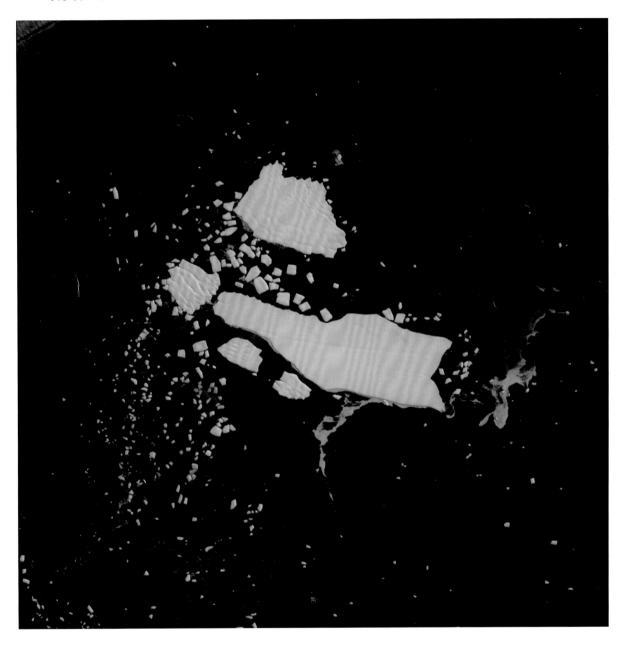

　　观 测 日 期：2022 年 2 月 28 日。

　　图 像 位 置：143.1° W，66.1° S。

　　数据源信息：海洋一号 C 卫星海岸带成像仪。

　　图 像 说 明：图像展现了分布在该海域的不同大小的冰山。

3 南极冰山 3

观 测 日 期：2019 年 10 月 30 日。

图 像 位 置：41.0° W，75.8° S。

数据源信息：海洋一号 C 卫星海岸带成像仪。

图 像 说 明：一座巨型冰山位于图像中央，冰山周围分布了各种形状的海冰。

4 南极冰山 4

观 测 日 期：2020 年 3 月 18 日。

图 像 位 置：107.9° E，66.5° S。

数据源信息：海洋一号 C 卫星海岸带成像仪。

图 像 说 明：海面上分布了数十座冰山，可以看出这些冰山正形成于崩解中的冰舌。

5 南极冰山5

观　测　日　期：2019年1月22日。

图　像　位　置：102.1° W，74.9° S。

数据源信息：海洋一号C卫星海岸带成像仪。

图　像　说　明：图像中分布了不同大小和形状的冰山。

6 南极冰山 6

观 测 日 期：2022 年 1 月 4 日。

图 像 位 置：25.2° W，73.6° S。

数据源信息：海洋一号 D 卫星海岸带成像仪。

图 像 说 明：图像中展示了一座巨型冰山，由于该冰山体积较大，国际上将其编号为 D28，有监测显示，该冰山产生于东南极的埃默里冰架，随后随海流沿南极海岸呈逆时针方向运动。

7 南极冰山 7

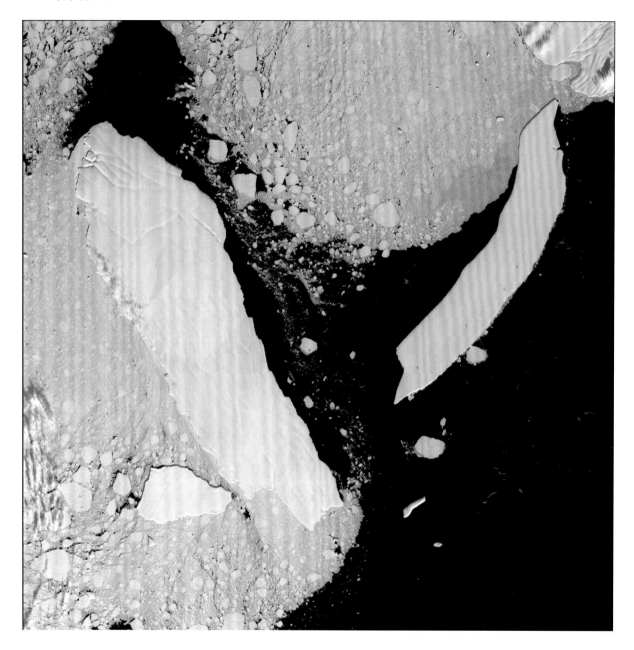

观 测 日 期：2022 年 1 月 4 日。

图 像 位 置：27.5° W，74.8° S。

数据源信息：海洋一号 D 卫星海岸带成像仪。

图 像 说 明：该冰山位于威德尔海区，可以看到图像左侧和上部聚集了许多不同体积大小的海冰。

8 南极冰山 8

观 测 日 期：2022 年 1 月 15 日。

图 像 位 置：60.0° W，70.0° S。

数据源信息：海洋一号 D 卫星海岸带成像仪。

图 像 说 明：位于威德尔海区的一座罕见的长方形冰山，与周边大大小小的圆形海冰形成明显对比。

9 南极冰山 9

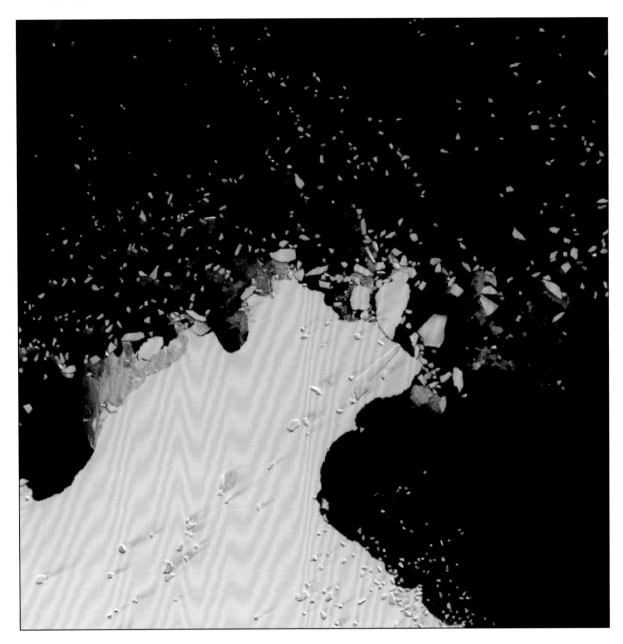

观 测 日 期：2021 年 11 月 26 日。

图 像 位 置：69.9°E，67.5°S。

数据源信息：海洋一号 D 卫星海岸带成像仪。

图 像 说 明：图像中的海面分布了大量的小型冰山，右下角的沿岸固定冰区域也冻结了大量的冰山。

1 南极冰舌 1（吕措 – 霍尔姆湾区域）

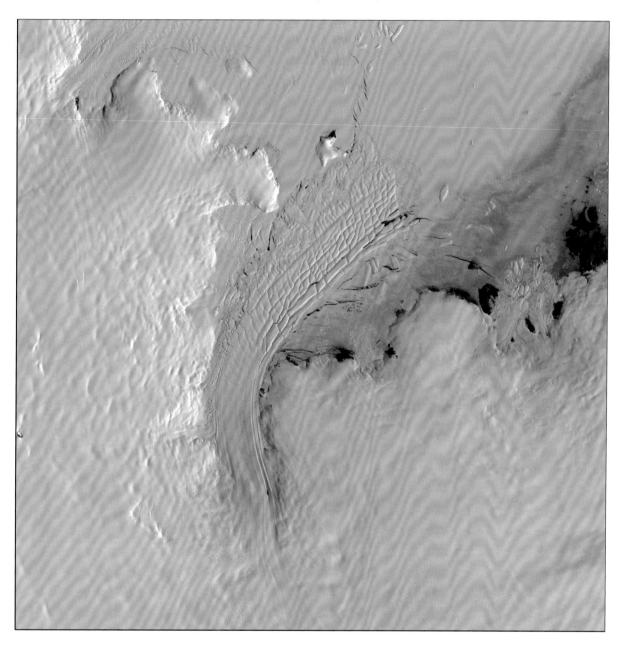

观 测 日 期：2022 年 2 月 8 日。

图 像 位 置：38.6° E，69.9° S。

数据源信息：海洋一号 C 卫星海岸带成像仪。

图 像 说 明：该冰舌位于东南极吕措 – 霍尔姆湾区域，影像中间区域由下自上可以看到冰
川延伸至海洋形成的冰舌与周边沿岸固定冰冻结在一起。

2　南极冰舌2（格雷角区域）

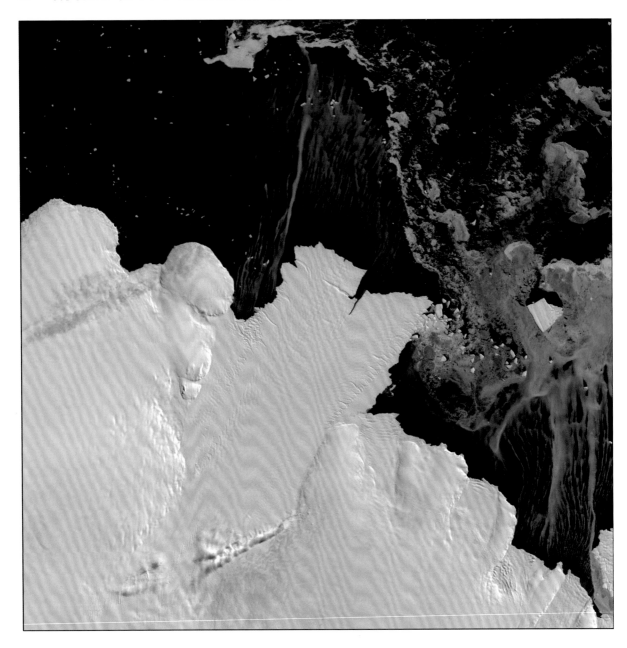

观 测 日 期：2022 年 2 月 28 日。

图 像 位 置：145.3°E，67.2°S。

数据源信息：海洋一号 C 卫星海岸带成像仪。

图 像 说 明：位于东南极格雷角区域，冰舌在图像中部的区域特征，与海洋形成较大的特征差异。

3　南极冰舌 3（特拉诺瓦湾区域）

观 测 日 期：2019 年 12 月 31 日。

图 像 位 置：163.3° E，75.4° S。

数据源信息：海洋一号 C 卫星海岸带成像仪。

图 像 说 明：位于东南极维多利亚地区域的特拉诺瓦湾，图像中可以看到一条明显的自冰
　　　　　　川延伸至海洋的冰舌，冰舌下方聚集了大量的海冰。

4 南极冰舌4（麦克默多湾区域）

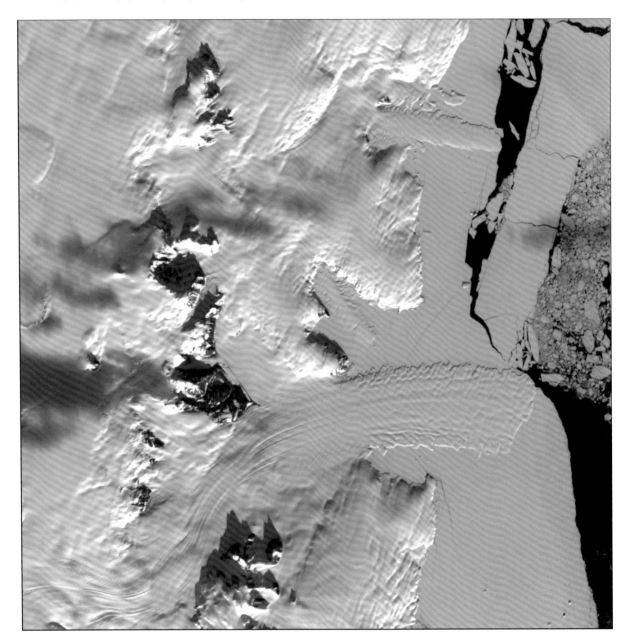

观 测 日 期：2019年12月31日。

图 像 位 置：163.3°E，76.1°S。

数据源信息：海洋一号C卫星海岸带成像仪。

图 像 说 明：位于东南极麦克默多湾，图像右侧的沿岸固定冰区域自上而下可以看到3条
大小和形态不同的冰舌由陆地冰川延伸出来。

5　南极冰舌5（奥茨地区域）

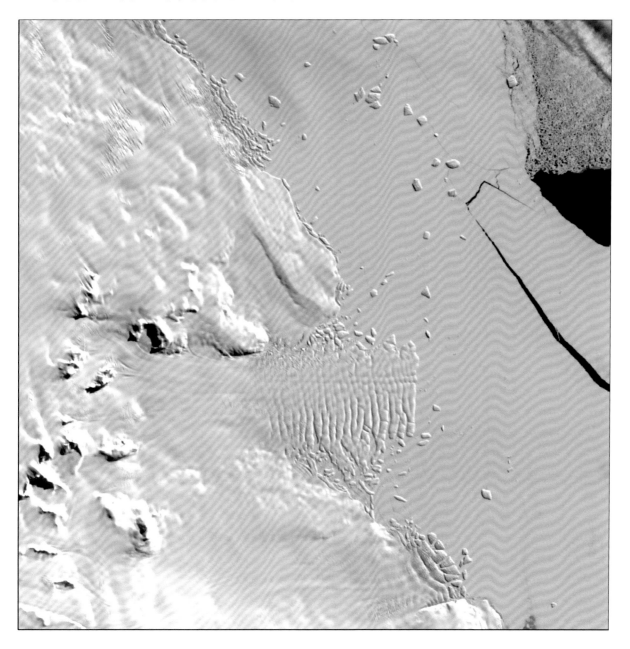

观 测 日 期：2020 年 3 月 2 日。

图 像 位 置：160.3° E，69.8° S。

数据源信息：海洋一号 C 卫星海岸带成像仪。

图 像 说 明：位于东南极奥茨地沿岸，在图像中间部位可以看出一条从左侧冰川延伸至海
域的冰舌与海冰冻结在一起。

6　南极冰舌6（奥茨地区域）

观测日期：2020年3月2日。

图像位置：158.7° E，69.3° S。

数据源信息：海洋一号 C 卫星海岸带成像仪。

图像说明：位于东南极奥茨地区域，在图像中的海岸区域可以看到两条特征明显的冰舌。

7 南极冰舌 7（奥茨地区域）

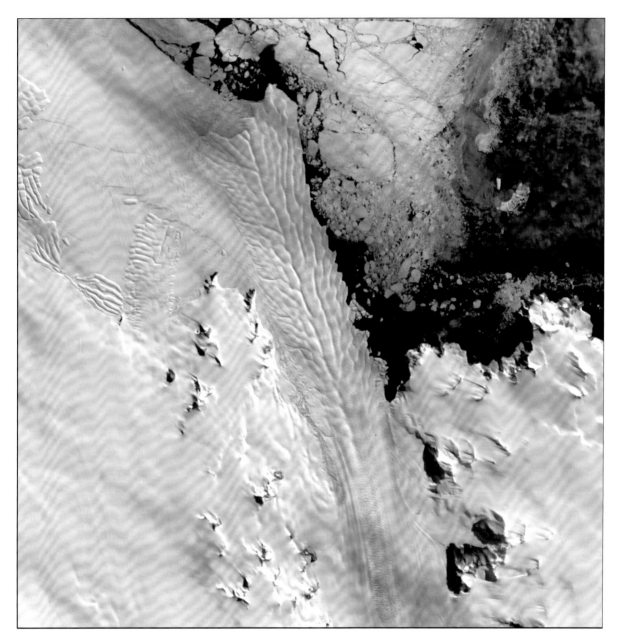

观 测 日 期：2020 年 3 月 2 日。

图 像 位 置：157.3° E，69.2° S。

数据源信息：海洋一号 C 卫星海岸带成像仪。

图 像 说 明：位于东南极奥茨地区域，在图像中的海岸区域可以看到两条明显的冰舌，左侧较小的冰舌与固定冰冻结在一起，从中间那条较大的冰舌可以看出其左侧为固定冰，右侧为浮冰。

8　南极冰舌8（胡克角区域）

观测日期：2022年1月14日。

图像位置：165.6° E，74.2° S。

数据源信息：海洋一号D卫星海岸带成像仪。

图像说明：位于东南极胡克角附近，在图像中可以看出固定冰区域有两条特征明显的冰舌自山谷延伸出来。

1 南极岛屿 1（罗斯岛）

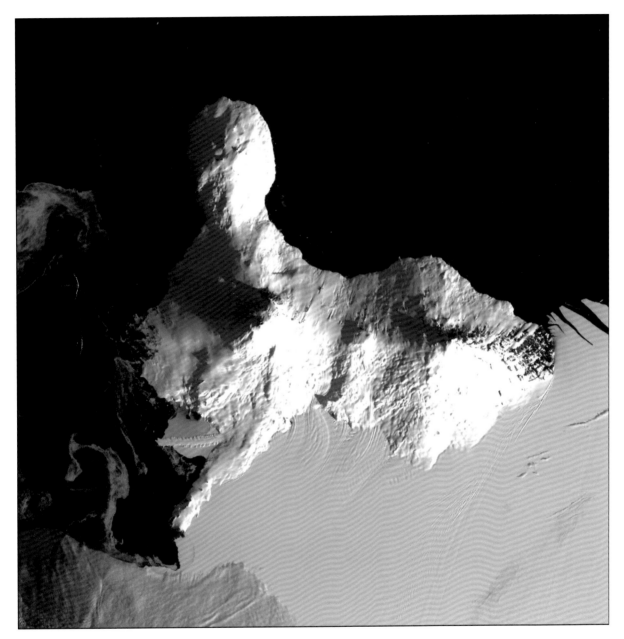

观 测 日 期：2022 年 2 月 11 日。

图 像 位 置：167.2° E，77.5° S。

数据源信息：海洋一号 C 卫星海岸带成像仪。

图 像 说 明：位于东南极麦克默多湾的罗斯海，该岛被冰川覆盖，从图像中可以看出岛屿
下方与位于该海湾的罗斯冰架相连。

2 南极岛屿 2（普里兹湾海域）

观 测 日 期：2019 年 11 月 16 日。

图 像 位 置：77.8° E，68.8° S。

数据源信息：海洋一号 C 卫星海岸带成像仪。

图 像 说 明：位于东南极普里兹湾近岸海域，在图像中，岛屿群周围与海冰冻结在一起，岛屿未被冰雪覆盖，呈深棕色。

3 南极岛屿3（利丹岛）

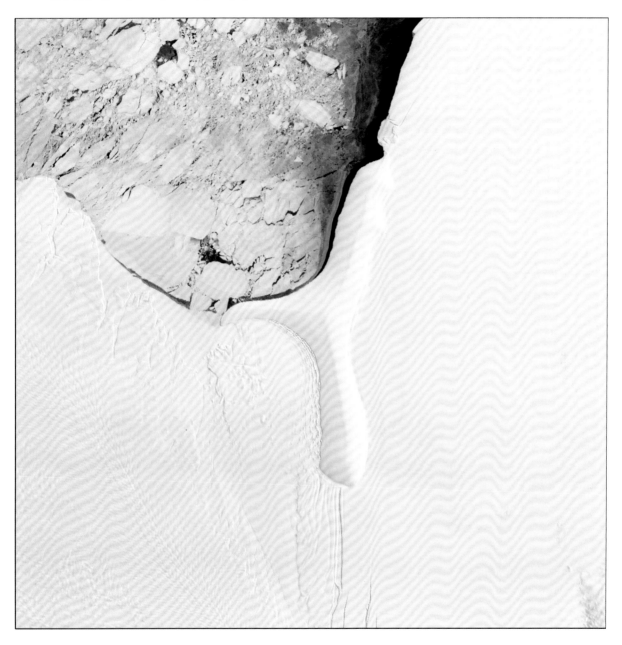

观 测 日 期：2019年10月30日。

图 像 位 置：21.0° W，74.1° S。

数据源信息：海洋一号C卫星海岸带成像仪。

图 像 说 明：位于东南极毛德皇后地附近海域，图像中可以看出该岛屿呈三角形，被冰川覆盖，岛屿左、右方与该海域的冰架连接成一个整体，左上方海域有大量的浮冰。

4　南极岛屿4（詹姆斯·罗斯岛）

观测日期：2020年1月20日。

图像位置：57.6°W，64.1°S。

数据源信息：海洋一号C卫星海岸带成像仪。

图像说明：位于南极半岛附近的威德尔海，图像中可以看出该岛及附近岛屿群部分区域覆盖冰川，呈白色，部分区域为裸岩，呈暗棕色。

5 南极岛屿5（南极半岛区域）

观 测 日 期：2020年1月20日。

图 像 位 置：62.3°W，64.2°S。

数 据 源 信 息：海洋一号C卫星海岸带成像仪。

图 像 说 明：位于南极半岛附近的南太平洋，该区域的群岛被冰川覆盖并呈白色，能看出岛屿的地形变化特征，周围的海水颜色较深。

6 南极岛屿6（纽曼岛）

观 测 日 期：2020年1月30日。

图 像 位 置：145.7° W，75.6° S。

数据源信息：海洋一号C卫星海岸带成像仪。

图 像 说 明：位于玛丽·伯德地海岸区域，图像中间的凸起区域为该岛位置，该岛与海岸
周边冰架和固定冰连接。

7 南极岛屿 7（阿蒙森海域）

■ 观 测 日 期：2020 年 1 月 30 日。

■ 图 像 位 置：149.7° W，77.2° S。

■ 数据源信息：海洋一号 C 卫星海岸带成像仪。

■ 图 像 说 明：位于西南极阿蒙森海域，图像中可以看出该群岛被冰川覆盖并呈白色，群岛
周围与冰架（苏兹贝格冰架）连接。

8　南极岛屿 8（巴德海岸区域）

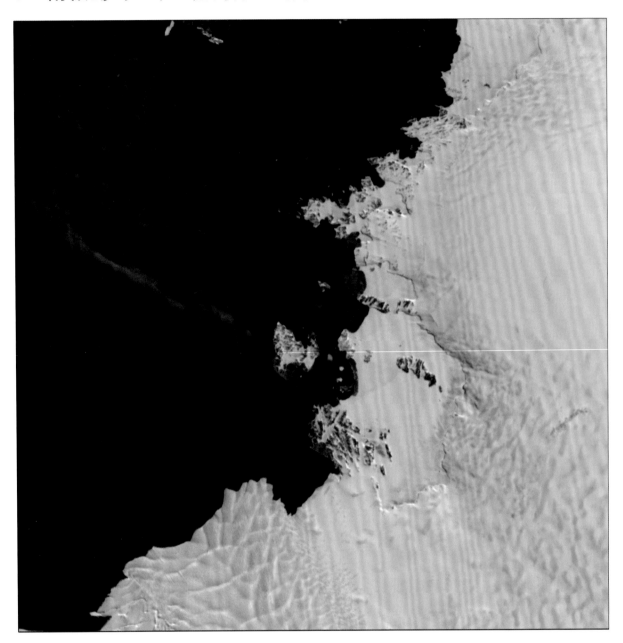

○　观 测 日 期：2019 年 10 月 29 日。

○　图 像 位 置：110.4° E，66.4° S。

○　数据源信息：海洋一号 C 卫星海岸带成像仪。

○　图 像 说 明：位于东南极巴德海岸区域，图像中可以看出海岸区域分布了较多的岛屿，由
　　　　　　　　于其表面未完全被冰雪覆盖而呈棕色。

9 南极岛屿9（迪塞普申岛）

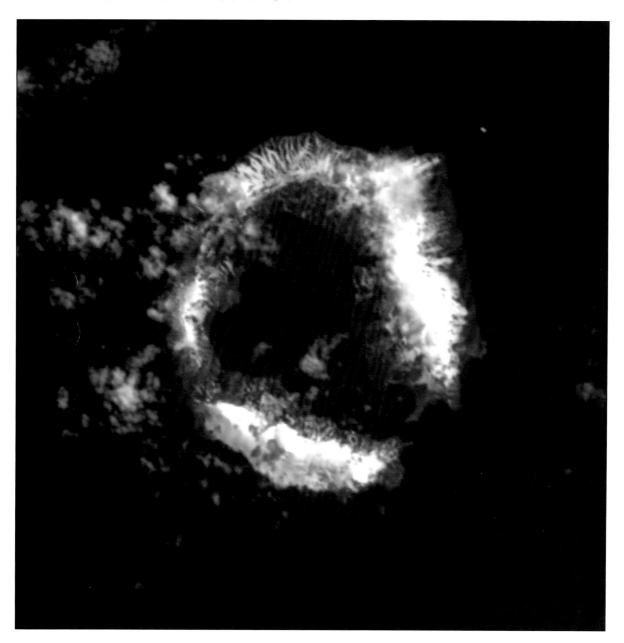

> 观 测 日 期：2019年12月15日。
>
> 图 像 位 置：60.6° W，62.9° S。
>
> 数据源信息：海洋一号C卫星海岸带成像仪。
>
> 图 像 说 明：位于南极半岛附近海域，图像中该岛屿呈环形，岛屿上高海拔区域覆盖冰
> 雪，低海拔区域无冰雪覆盖。

10　南极岛屿 10（斯诺岛）

观 测 日 期：2019 年 12 月 15 日。

图 像 位 置：61.3° W，62.8° S。

数据源信息：海洋一号 C 卫星海岸带成像仪。

图 像 说 明：位于南极半岛附近的南太平洋海域，岛屿大部分地方被冰雪覆盖并呈白色。

11 南极岛屿11（南极半岛区域）

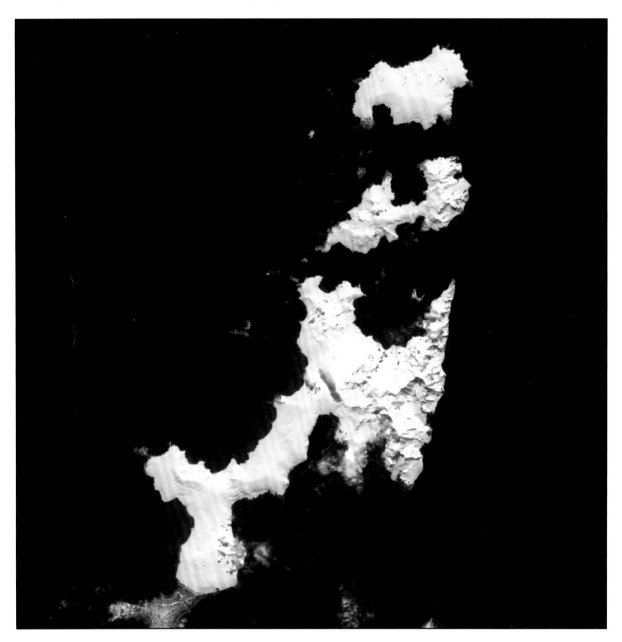

观　测　日　期：2019年12月15日。

图　像　位　置：60.1°W，62.5°S。

数据源信息：海洋一号C卫星海岸带成像仪。

图　像　说　明：位于南极半岛附近的南太平洋海域，由下至上分别为利文斯顿岛、格林尼治岛和罗伯特岛，岛屿地形特征明显。

12　南极岛屿 12（纳尔逊岛）

观 测 日 期：2019 年 12 月 15 日。

图 像 位 置：59.0° W，62.3° S。

数据源信息：海洋一号 C 卫星海岸带成像仪。

图 像 说 明：图像中间大部分区域被冰雪覆盖的岛屿为纳尔逊岛。

13 南极岛屿 13（维多利亚地海岸区域）

- 观 测 日 期：2022 年 1 月 14 日。
- 图 像 位 置：164.0° E，74.7° S。
- 数据源信息：海洋一号 D 卫星海岸带成像仪。
- 图 像 说 明：位于东南极维多利亚地海岸区域，图像中左侧三角形的深色岛屿为难言岛，
  我国第五个南极考察站——罗斯海新站位于该岛。

14　南极岛屿 14（比科斯群岛 1）

观 测 日 期：2022 年 1 月 15 日。

图 像 位 置：65.7°W，65.7°S。

数据源信息：海洋一号 D 卫星海岸带成像仪。

图 像 说 明：位于南极半岛附近的南太平洋海域，毗邻并平行于南极半岛两岸，该群岛大部分被冰雪覆盖，与周围海水呈现明显的反差。

15　南极岛屿 15（比科斯群岛 2）

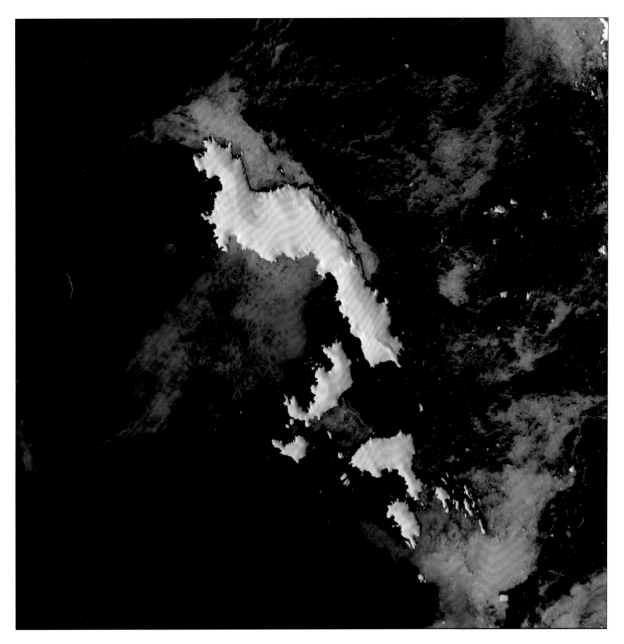

■ 观 测 日 期：2022 年 1 月 15 日。

■ 图 像 位 置：66.9° W，66.2° S。

■ 数据源信息：海洋一号 D 卫星海岸带成像仪。

■ 图 像 说 明：位于南极半岛附近的南太平洋海域，该群岛大部分被冰雪覆盖，主要岛屿有
　　　　　　　雷诺岛、拉瓦锡岛、拉博岛和沃特金斯岛。

16　南极岛屿 16（阿德莱德岛）

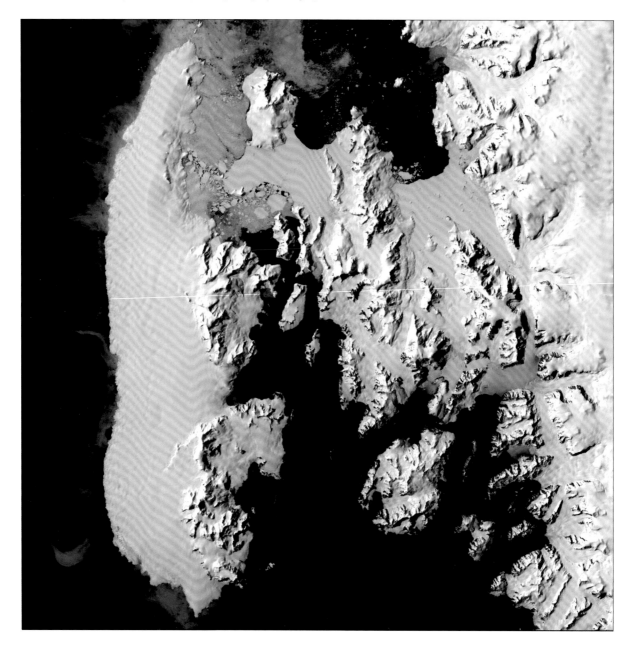

观测日期：2022 年 1 月 15 日。

图像位置：67.6° W，67.3° S。

数据源信息：海洋一号 D 卫星海岸带成像仪。

图像说明：位于南极半岛附近的南太平洋海域，图像中左侧最大的岛屿为阿德莱德岛，智利和英国的科考站位于该岛。

17　南极岛屿 17（阿蒙森湾区域）

　■　观 测 日 期：2021 年 10 月—2022 年 3 月。

　■　图 像 位 置：50.6° E，67.1° S。

　■　数据源信息：海洋一号 C 卫星和海洋一号 D 卫星海岸带成像仪镶嵌影像。

　■　图 像 说 明：位于西南极阿蒙森湾区域，从图像中可以看出该岛屿群并未完全被冰雪
　　　　　　　　　覆盖。

南极冰架

1 南极冰架1（芬布尔冰架1）

观 测 日 期：2022年2月2日。

图 像 位 置：19.1° E，70.2° S。

数据源信息：海洋一号 C 卫星海岸带成像仪。

图 像 说 明：位于东南极哈康七世海区域，图像中冰架部分为白色较平整的区域，冰架上的裂缝在图像中特征明显。

南极冰架

2 南极冰架2（芬布尔冰架2）

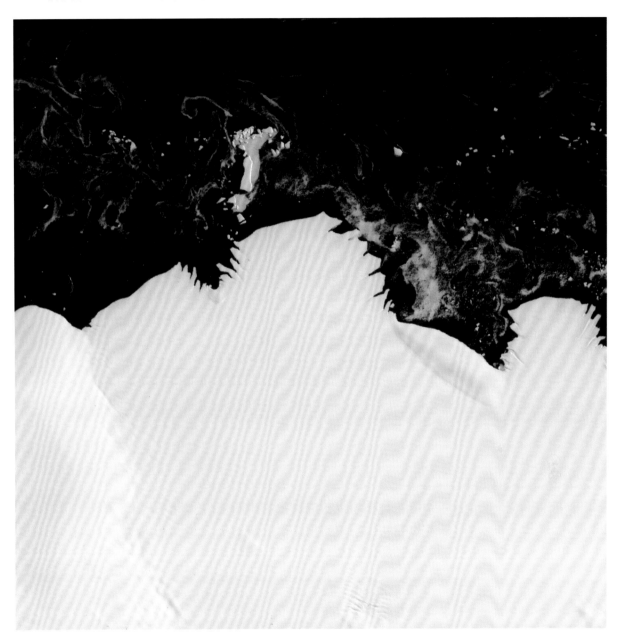

观 测 日 期：2022 年 2 月 2 日。

图 像 位 置：10.2° E，70.1° S。

数据源信息：海洋一号 C 卫星海岸带成像仪。

图 像 说 明：位于东南极哈康七世海区域，图像中冰架部分为白色较平整的区域，冰架前端有较多的裂隙，在图像中特征明显。

53

3　南极冰架 3（埃默里冰架）

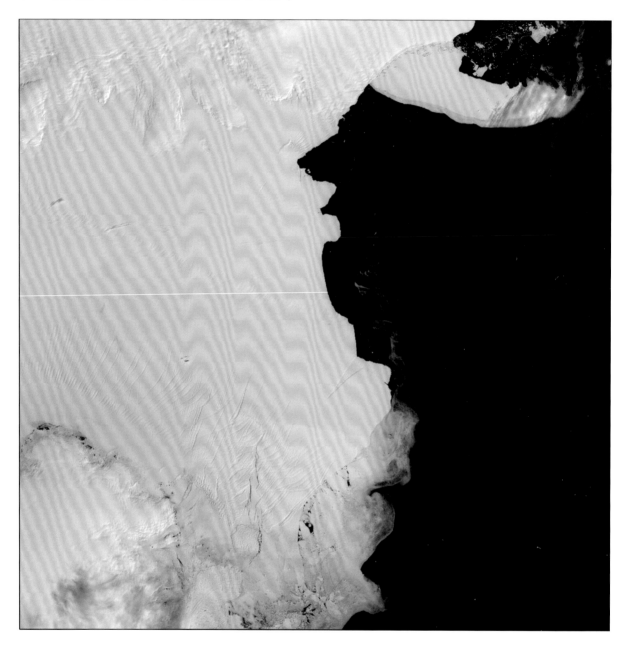

■ 观 测 日 期：2022 年 2 月 8 日。

■ 图 像 位 置：72.2° E，69.0° S。

■ 数据源信息：海洋一号 C 卫星海岸带成像仪。

■ 图 像 说 明：位于东南极普里兹湾海域，冰架与上、下海岸相连的地方相对较平坦，冰架上存在许多冰裂缝，它们大致平行分布，与冰架运动方向垂直。

4 南极冰架4（布兰特冰架）

■ 观 测 日 期：2019年10月30日。

■ 图 像 位 置：25.5° W，75.4° S。

■ 数据源信息：海洋一号C卫星海岸带成像仪。

■ 图 像 说 明：位于东南极毛德皇后地海岸区域，图像下方地形凸起特征明显的是南极大陆区域，上方较平整的白色区域为冰架区，图像中可以看出冰架上存在较多的裂缝区。

5　南极冰架5（拉森冰架1）

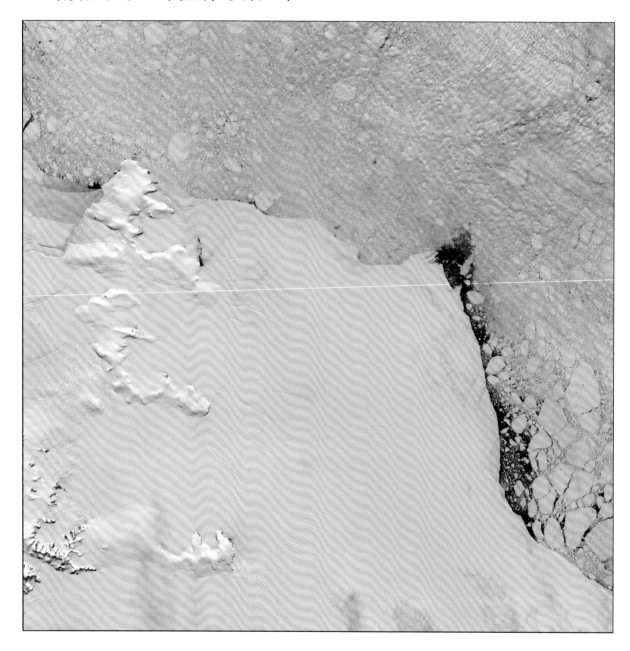

观　测　日　期：2020年1月20日。

图　像　位　置：60.9° W，66.7° S。

数据源信息：海洋一号C卫星海岸带成像仪。

图　像　说　明：位于西南极威德尔海区域，冰架与南极半岛相连，图像中能看到海洋中分布了大量的浮冰。

6　南极冰架6（沙克尔顿冰架）

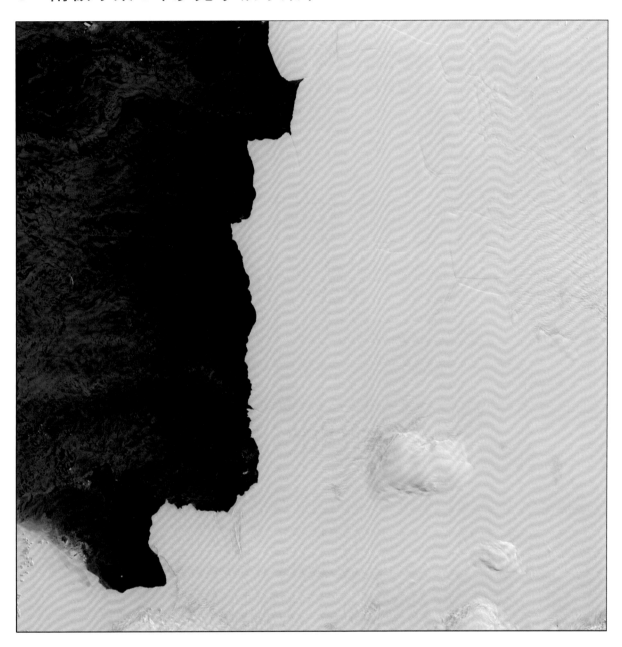

	观 测 日 期：2019年10月29日。
	图 像 位 置：96.1° E，65.7° S。
	数据源信息：海洋一号C卫星海岸带成像仪。
	图 像 说 明：位于东南极戴维斯海与邦杰丘陵相连的地方，图像中冰架呈白色且较为平整，冰架上突起的区域为岛屿。

7 南极冰架7（马丁半岛区域）

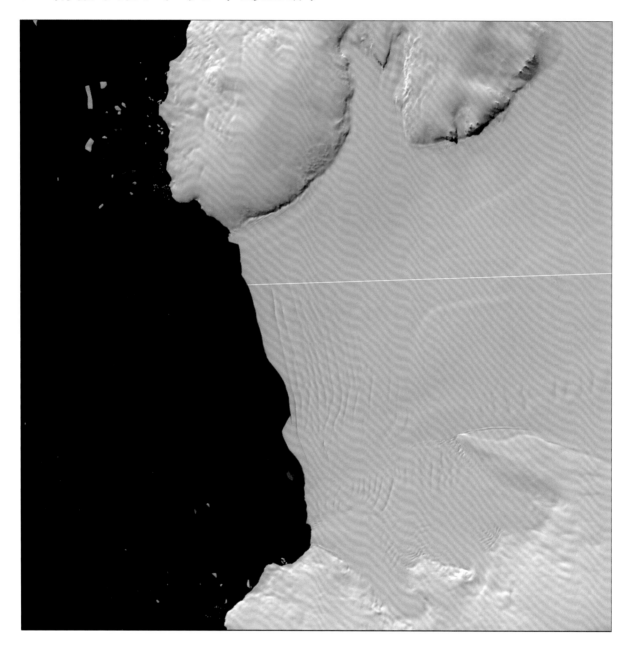

▬ 观 测 日 期：2019 年 1 月 22 日。

▬ 图 像 位 置：112.5° W，74.2° S。

▬ 数据源信息：海洋一号 C 卫星海岸带成像仪。

▬ 图 像 说 明：位于西南极阿蒙森海的马丁半岛区域，图像中可以看到冰架前端存在明显的
裂缝和冰架周围的地形特征。

8　南极冰架 8（霍布斯海岸区域）

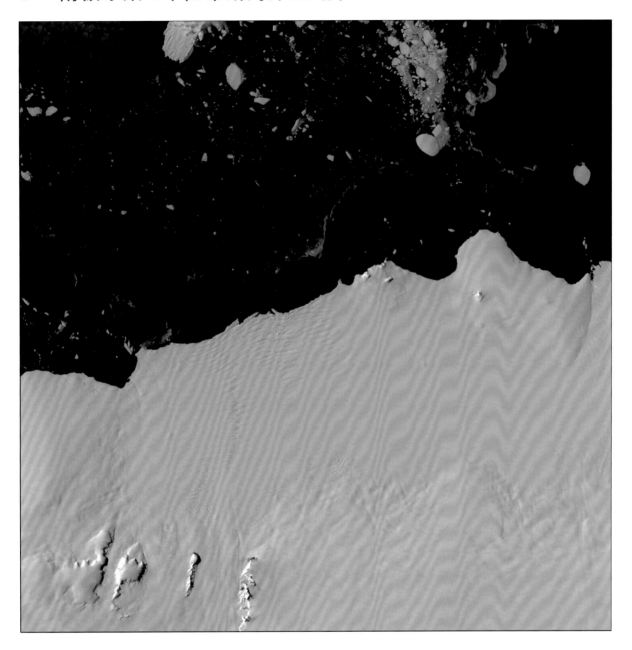

观 测 日 期：2022 年 1 月 4 日。

图 像 位 置：133.1° W，74.5° S。

数据源信息：海洋一号 D 卫星海岸带成像仪。

图 像 说 明：位于阿蒙森海霍布斯海岸区域，图像中可以看出冰架由图像下方的海岸区域延伸至海面，冰架表面纹理在图像上特征明显。

9　南极冰架9（盖茨冰架）

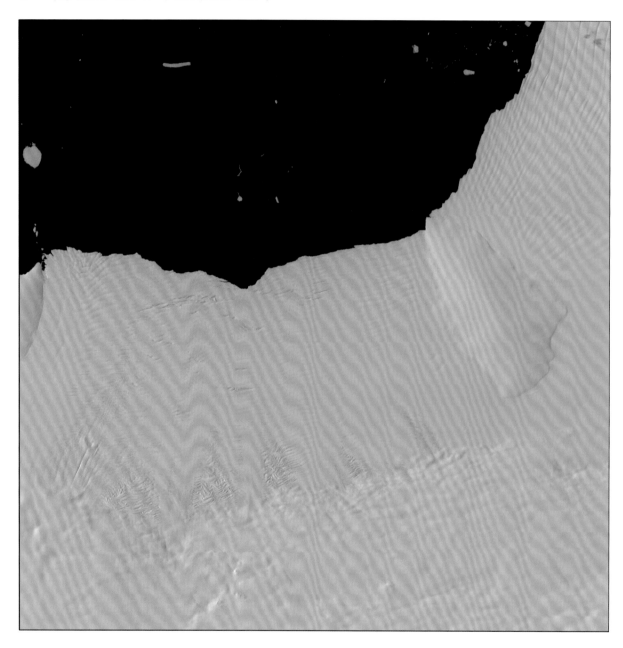

観 测 日 期：2022 年 1 月 4 日。

图 像 位 置：128.9° W，74.5° S。

数据源信息：海洋一号 D 卫星海岸带成像仪。

图 像 说 明：位于西南极阿蒙森海区域，图像中可以看出冰架由图像下方的海岸区域延伸
至海面，冰架表面有众多与海岸线大致平行的冰裂缝。

10　南极冰架 10（拉森冰架）

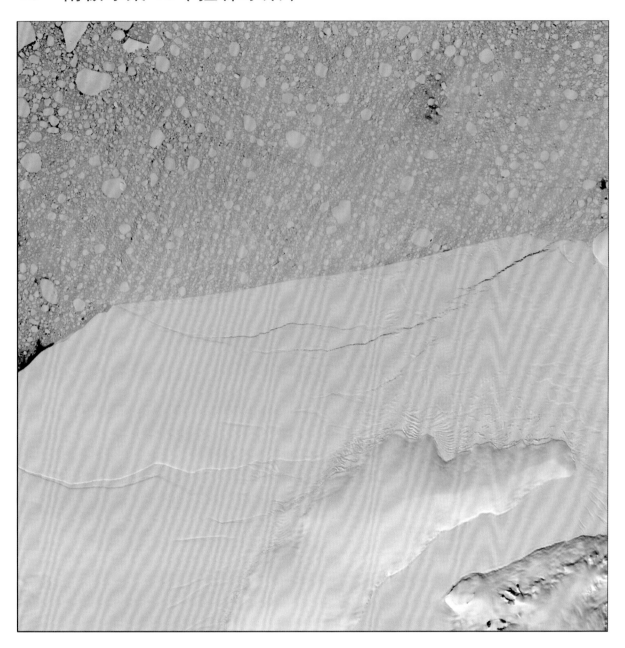

> ■ 观 测 日 期：2022 年 1 月 15 日。
> ■ 图 像 位 置：61.2° W，69.4° S。
> ■ 数据源信息：海洋一号 D 卫星海岸带成像仪。
> ■ 图 像 说 明：位于西南极威德尔海，可以看出位于图像中部区域的冰架出现了较明显的裂痕，可能造成部分区域出现崩解。

11 南极冰架 11（拉森冰架）

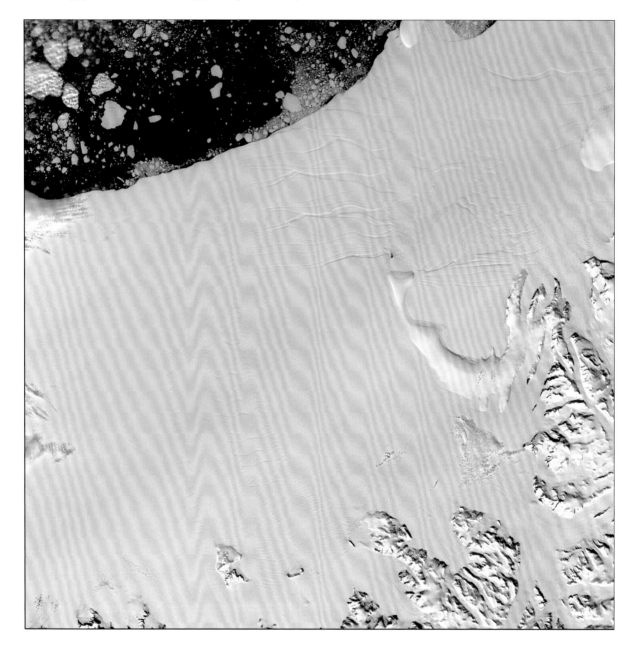

观 测 日 期： 2022 年 1 月 15 日。

图 像 位 置： 63.2° W，68.1° S。

数据源信息： 海洋一号 D 卫星海岸带成像仪。

图 像 说 明： 位于西南极威德尔海，可以看出位于图像右上方的冰架出现了明显裂痕。

12   南极冰架 12（菲尔希纳冰架）

- 观 测 日 期：2022 年 1 月 15 日。
- 图 像 位 置：40.9° W，78.3° S。
- 数据源信息：海洋一号 D 卫星海岸带成像仪。
- 图 像 说 明：位于西南极威德尔海，从图像中可以看出冰架上出现了清晰的冰流线和冰
  裂缝。

13　南极冰架 13（罗斯冰架）

● 观 测 日 期：2021 年 10 月 6 日。

● 图 像 位 置：159.2° W，78.3° S。

● 数据源信息：海洋一号 D 卫星海岸带成像仪。

● 图 像 说 明：位于罗斯海的罗斯福岛与洛克菲勒山之间，图像中冰架上有比较明显的冰
　　　　　　　裂缝。

1　南极冰面湖 1

观　测　日　期：2022 年 2 月 2 日。

图　像　位　置：32.3°E，69.9°S。

数据源信息：海洋一号 C 卫星海岸带成像仪。

图　像　说　明：位于东南极里瑟拉森半岛附近，图像中深蓝色区域为冰面融化后形成的冰面湖。

2 南极冰面湖 2

观 测 日 期：2022 年 2 月 8 日。

图 像 位 置：68.5° E，70.6° S。

数据源信息：海洋一号 C 卫星海岸带成像仪。

图 像 说 明：位于东南极查尔斯王子山脉区域，冰面上蓝色的斑点状区域为融化形成的冰
面湖。

3 南极冰面湖 3

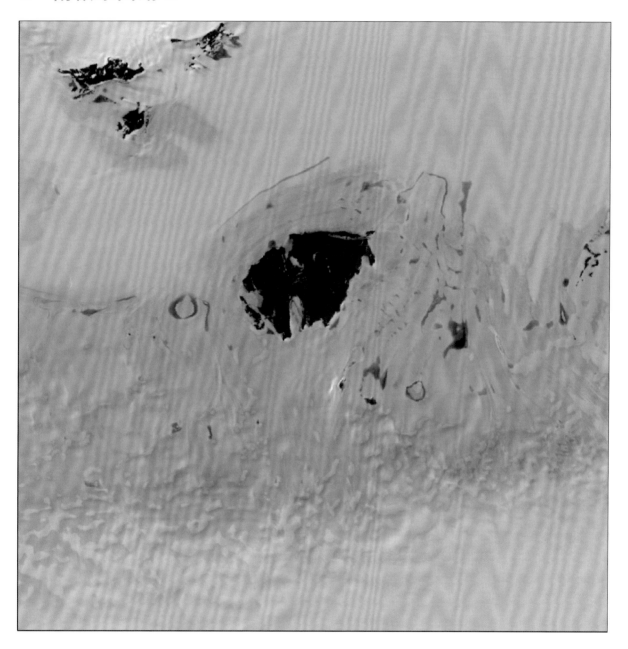

观 测 日 期：	2022 年 2 月 8 日。
图 像 位 置：	72.6° E，70.4° S。
数据源信息：	海洋一号 C 卫星海岸带成像仪。
图 像 说 明：	位于东南极拉斯曼丘陵区域，冰川上可以看见大小不一的冰面湖，呈深蓝色。

4　南极冰面湖 4

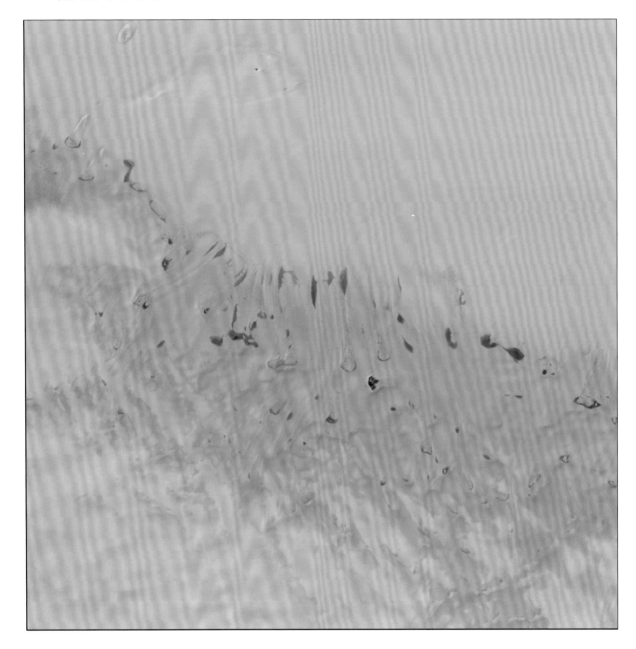

観 測 日 期：2022 年 2 月 8 日。

图 像 位 置：70.6°E，71.9°S。

数据源信息：海洋一号 C 卫星海岸带成像仪。

图 像 说 明：位于东南极拉斯曼丘陵区域，图像中深蓝色的斑块状区域为冰面湖。

5 南极冰面湖 5

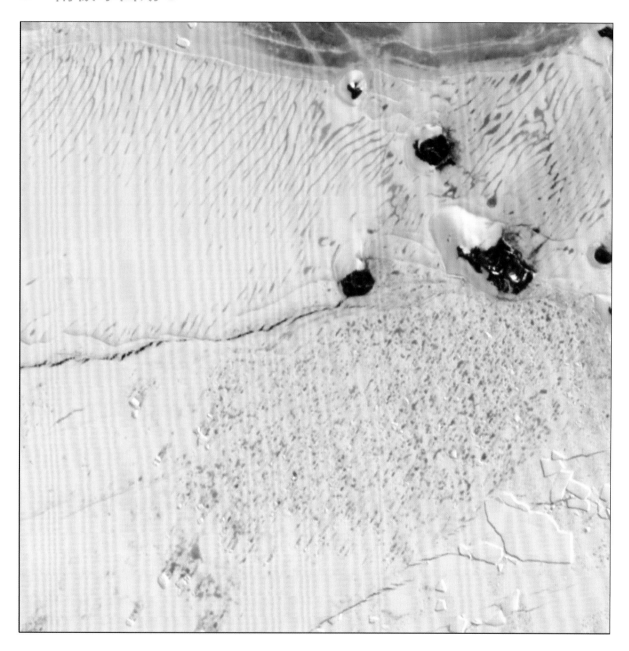

观 测 日 期：2022 年 1 月 20 日。

图 像 位 置：60.4° W，65.1° S。

数据源信息：海洋一号 C 卫星海岸带成像仪。

图 像 说 明：位于西南极南极半岛区域，冰面上可以看到分布有许多形态、大小各异的蓝色冰面湖。

6 南极冰面湖6

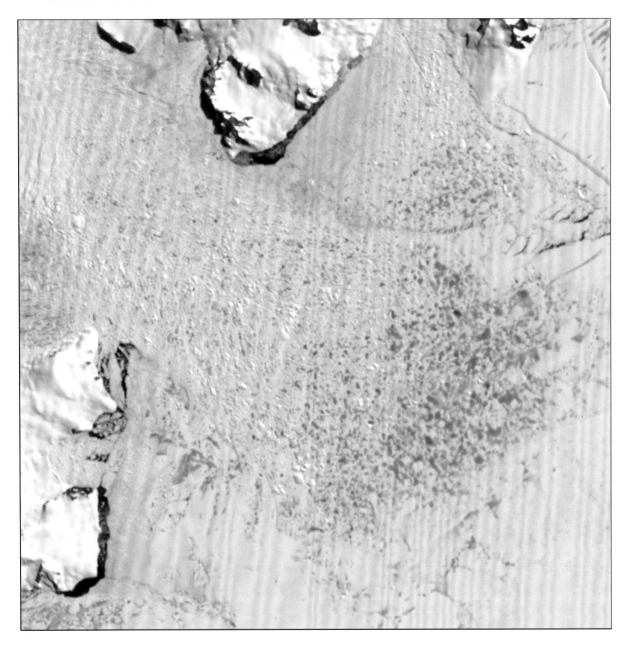

观 测 日 期： 2020 年 1 月 20 日。

图 像 位 置： 61.3° W，65.1° S。

数据源信息： 海洋一号 C 卫星海岸带成像仪。

图 像 说 明： 位于西南极南极半岛区域，冰面上可以看到分布有许多形态、大小各异的蓝色冰面湖。

7 南极冰面湖 7

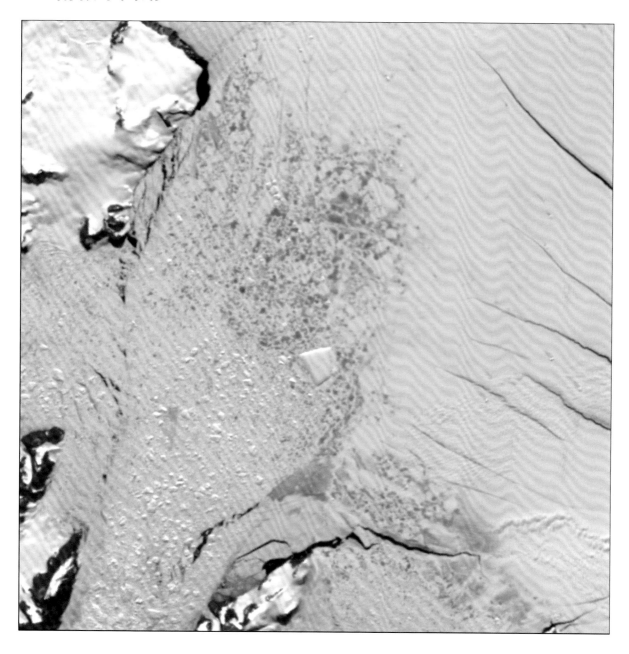

观 测 日 期：2020 年 1 月 20 日。

图 像 位 置：61.7°W，65.3°S。

数据源信息：海洋一号 C 卫星海岸带成像仪。

图 像 说 明：位于西南极南极半岛区域，冰面上可以看到分布有许多形态、大小各异的蓝
色冰面湖。

8　南极冰面湖 8

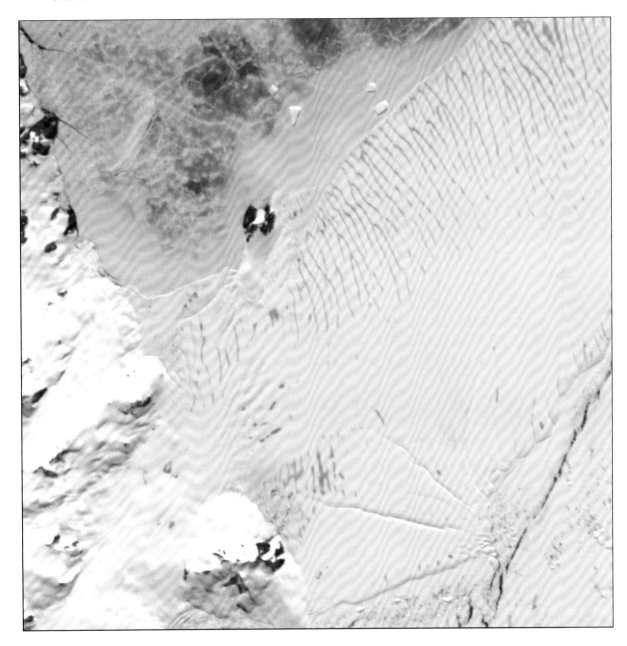

▬▬　观测日期：2020 年 1 月 20 日。

▬▬　图像位置：60.8° W，64.9° S。

▬▬　数据源信息：海洋一号 C 卫星海岸带成像仪。

▬▬　图像说明：位于西南极南极半岛区域，冰面上可以看到分布有许多形态、大小各异的蓝
色冰面湖。

9　南极冰面湖 9

> ▍ 观 测 日 期：2022 年 1 月 15 日。
> ▍ 图 像 位 置：63.5° W，66.4° S。
> ▍ 数据源信息：海洋一号 D 卫星海岸带成像仪。
> ▍ 图 像 说 明：位于西南极南极半岛区域，冰面上可以看到分布有许多形态、大小各异的蓝
> 　　　　　　　色冰面湖。

10 南极冰面湖 10

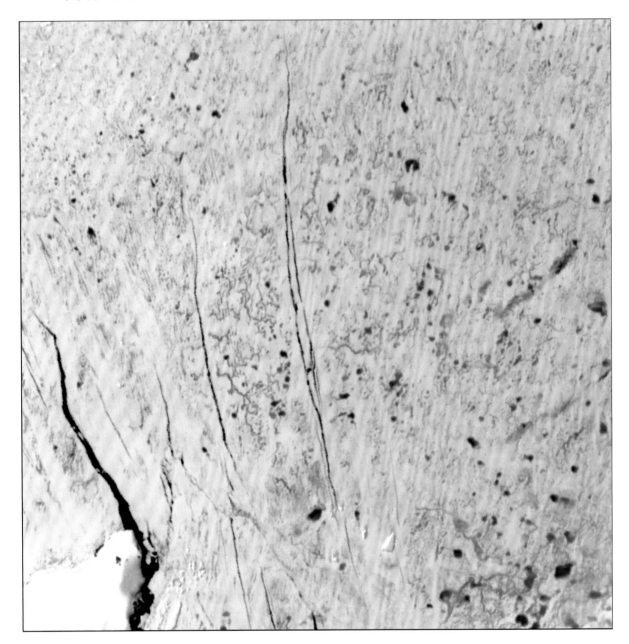

观 测 日 期：2022 年 1 月 15 日。

图 像 位 置：61.4° W，65.5° S。

数据源信息：海洋一号 D 卫星海岸带成像仪。

图 像 说 明：位于西南极南极半岛区域，冰面上可以看到分布有许多形态、大小各异的蓝色冰面湖。

1 南极蓝冰 1

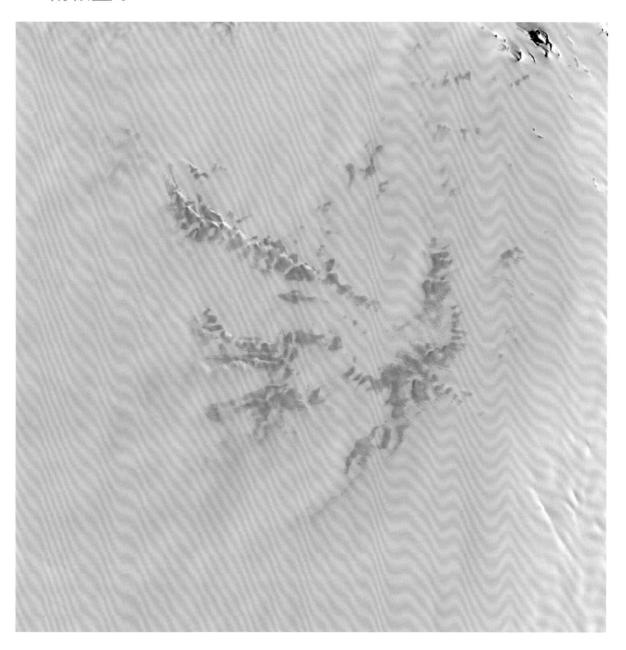

观 测 日 期：2022 年 2 月 2 日。

图 像 位 置：24.5° E，72.8° S。

数据源信息：海洋一号 C 卫星海岸带成像仪。

图 像 说 明：位于东南极毛德皇后地区域，图像中偏蓝色的区域为蓝冰。

2 南极蓝冰 2

观 测 日 期：2022 年 2 月 2 日。

图 像 位 置：12.2° E，71.6° S。

数据源信息：海洋一号 C 卫星海岸带成像仪。

图 像 说 明：位于东南极毛德皇后地区域，图像中展示了一片位于山地区域的蓝冰区。

3　南极蓝冰 3

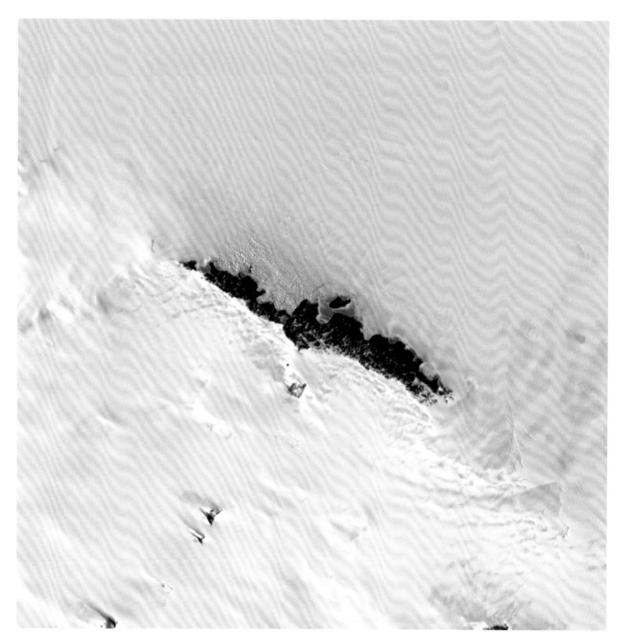

▰ 观 测 日 期：2022 年 2 月 2 日。

▰ 图 像 位 置：11.6° E，70.7° S。

▰ 数据源信息：海洋一号 C 卫星海岸带成像仪。

▰ 图 像 说 明：位于东南极毛德皇后地区域，图像中展示了位于海岸裸岩周边区域的蓝冰。

4　南极蓝冰 4

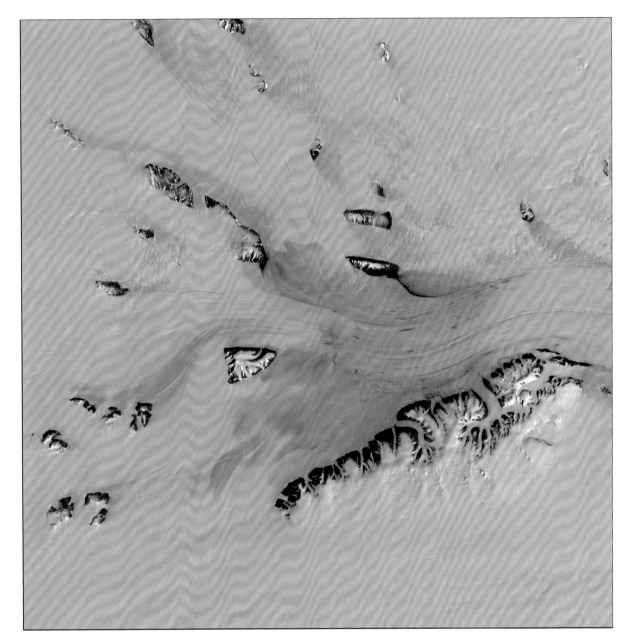

观 测 日 期：2022 年 2 月 8 日。

图 像 位 置：66.8°E，73.3°S。

数据源信息：海洋一号 C 卫星海岸带成像仪。

图 像 说 明：位于查尔斯王子山脉区域，图像中偏蓝色区域为蓝冰区，同时，位于图像中
间的线条特征也表明该区域存在明显的冰川流动现象。

5　南极蓝冰 5

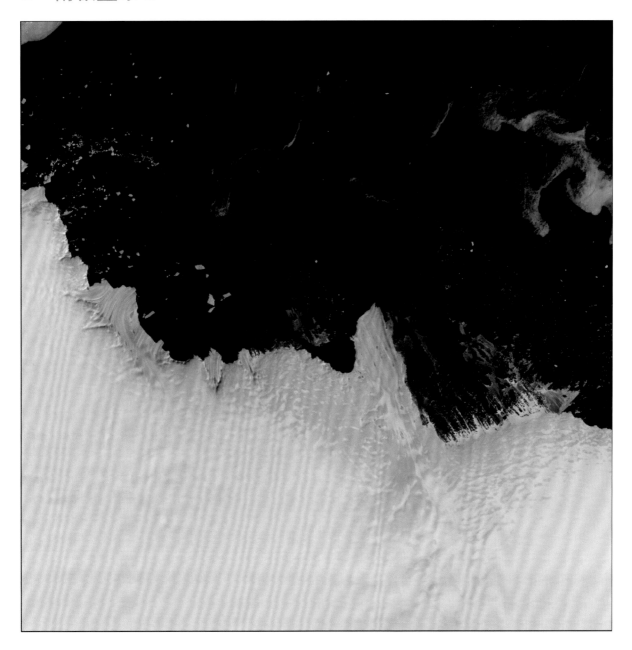

观　测　日　期：2022 年 2 月 8 日。

图　像　位　置：77.9° E，68.8° S。

数据源信息：海洋一号 C 卫星海岸带成像仪。

图　像　说　明：位于拉斯曼丘陵海岸区域，图像中的海岸带冰川区域有大片的蓝冰区。

6　南极蓝冰 6

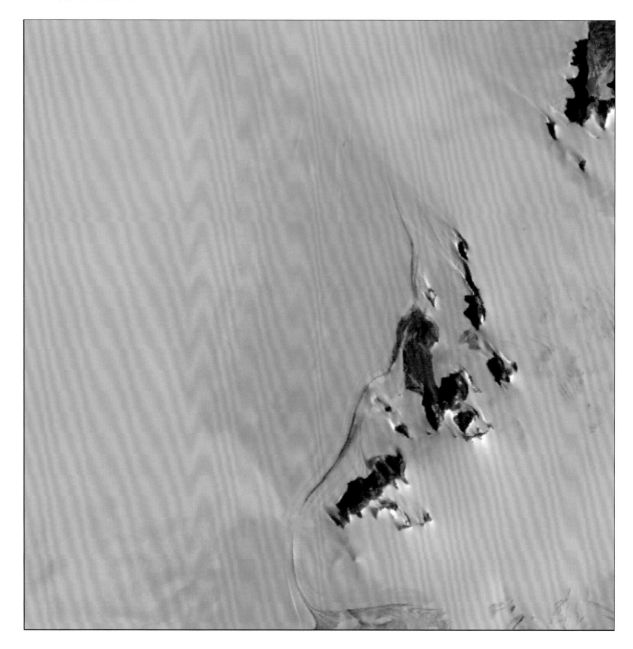

观 测 日 期：2022 年 2 月 8 日。

图 像 位 置：35.4°E，71.6°S。

数据源信息：海洋一号 C 卫星海岸带成像仪。

图 像 说 明：位于东南极冰川区域，图像中褐色区域为冰川上裸露的岩石，周边浅蓝色区
域为蓝冰。

7 南极蓝冰 7

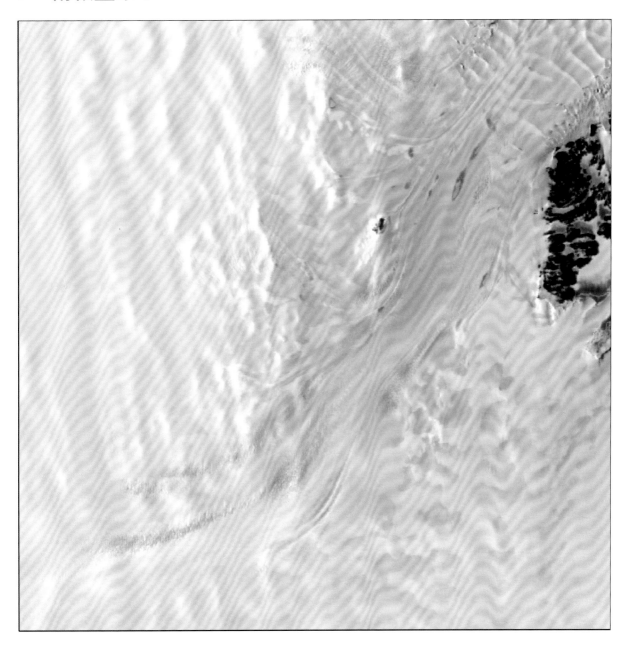

观 测 日 期：2022 年 2 月 8 日。

图 像 位 置：59.4° E，67.6° S。

数据源信息：海洋一号 C 卫星海岸带成像仪。

图 像 说 明：位于查尔斯王子山脉区域，图像中的蓝冰与白色的冰川形成鲜明的反差。

8　南极蓝冰 8

观　测　日　期：2019 年 10 月 10 日。

图　像　位　置：62.6° E，67.8° S。

数据源信息：海洋一号 C 卫星海岸带成像仪。

图　像　说　明：位于南极肯普地区域的冰川，图像中蓝色区域为蓝冰。

9　南极蓝冰 9

观　测　日　期：2019 年 11 月 8 日。

图　像　位　置：164.4° E，78.1° S。

数据源信息：海洋一号 C 卫星海岸带成像仪。

图　像　说　明：位于维多利亚地一片山谷地带的蓝冰区。

10　南极蓝冰 10

観 测 日 期：2021 年 11 月 27 日。

图 像 位 置：161.2° E，71.2° S。

数据源信息：海洋一号 D 卫星海岸带成像仪。

图 像 说 明：位于南极维多利亚地冰川的一片蓝冰区。

11 南极蓝冰 11

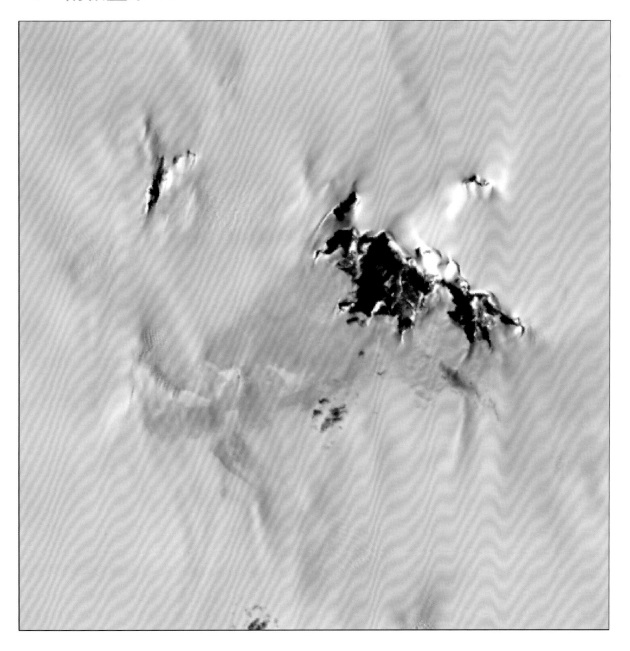

观 测 日 期：	2021 年 11 月 27 日。
图 像 位 置：	160.4° E，72.9° S。
数据源信息：	海洋一号 D 卫星海岸带成像仪。
图 像 说 明：	位于维多利亚地冰川的一片蓝冰区，图像中的褐色部分为该冰川上的一块裸岩地。

12　南极蓝冰 12

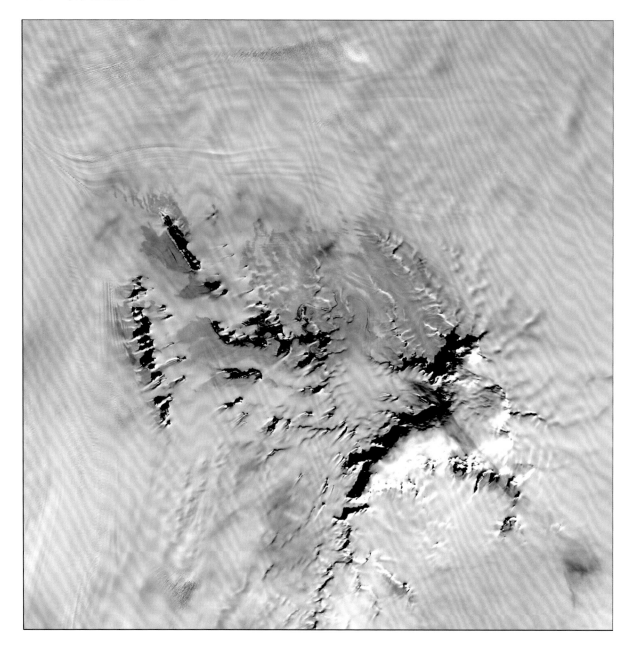

观测日期：2021 年 11 月 29 日。

图像位置：63.4° W，84.7° S。

数据源信息：海洋一号 D 卫星海岸带成像仪。

图像说明：位于埃尔斯沃思山脉冰川上的蓝冰区，冰川上的纹理也显示了该区域的地形
地貌特征。

1 南极海冰 1

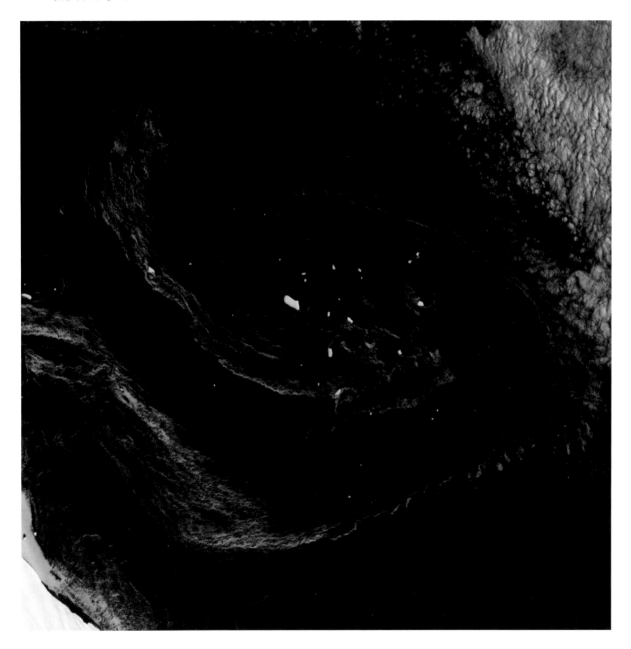

观 测 日 期：2022 年 2 月 2 日。

图 像 位 置：18.7° E，69.3° S。

数据源信息：海洋一号 C 卫星海岸带成像仪。

图 像 说 明：图像中展示了细碎的海冰因海流影响而形成的涡状特征。

2　南极海冰 2

观 测 日 期：2022 年 2 月 8 日。

图 像 位 置：39.8° E，68.3° S。

数据源信息：海洋一号 C 卫星海岸带成像仪。

图 像 说 明：图像中展示了不同的海冰特征，图像下方是较平整的海冰与海岸地区冻结在一起的固定冰，图像上方是随海水漂浮的浮冰。

3 南极海冰 3

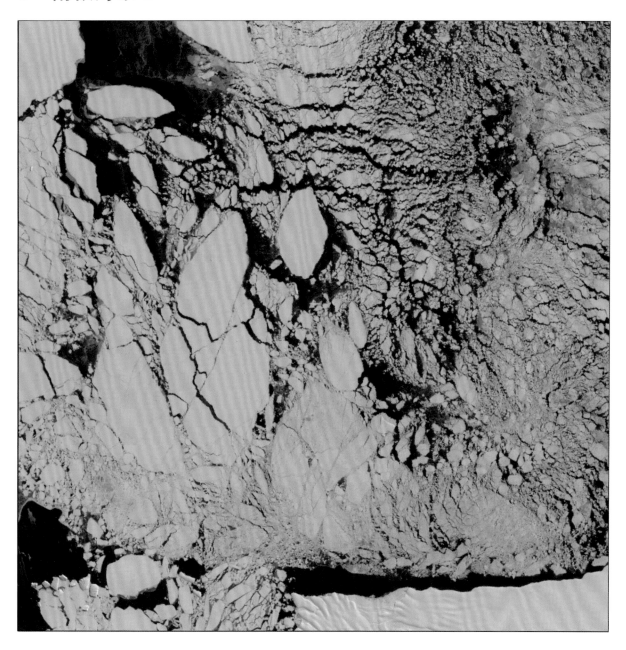

观 测 日 期：2022 年 2 月 8 日。

图 像 位 置：151.9° E，67.9° S。

数据源信息：海洋一号 C 卫星海岸带成像仪。

图 像 说 明：位于南极海岸附近不同大小的浮冰。

4 南极海冰 4

> 观 测 日 期：2019 年 10 月 10 日。
>
> 图 像 位 置：67.0° E，67.25° S。
>
> 数据源信息：海洋一号 C 卫星海岸带成像仪。
>
> 图 像 说 明：图像中展示了南极海岸区域的海冰，左下方偏白色的海冰与沿岸冰川冻结在
> 一起形成固定冰区，上方和右侧的海冰为浮冰区，浮冰中有些冰区颜色偏
> 暗，说明该浮冰厚度较薄。

5 南极海冰 5

> 观测日期：2019 年 10 月 10 日。
>
> 图像位置：77.8° E，68.5° S。
>
> 数据源信息：海洋一号 C 卫星海岸带成像仪。
>
> 图像说明：位于南极海岸区域的海冰，图像的左边与右上方为浮冰区。

6 南极海冰 6

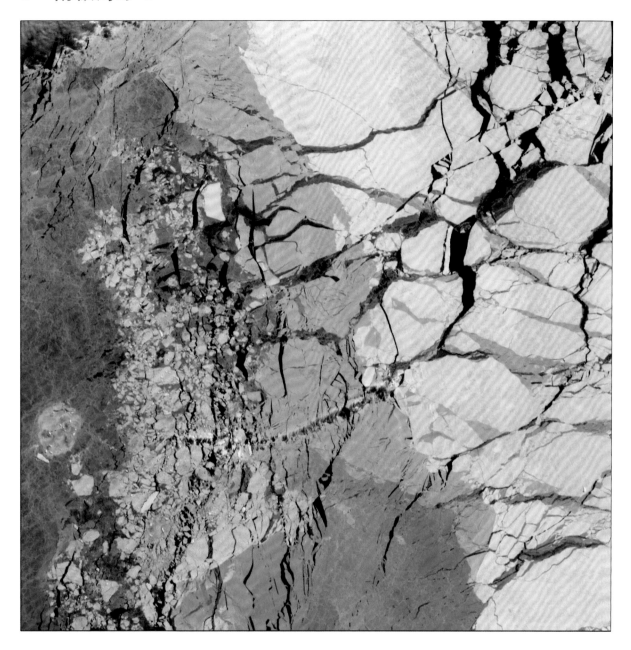

观 测 日 期：2019 年 10 月 14 日。

图 像 位 置：72.8° E，67.4° S。

数据源信息：海洋一号 C 卫星海岸带成像仪。

图 像 说 明：位于南极海域的浮冰，图像中不同明暗颜色的海冰是由于海冰厚度不同造
成的。

7 南极海冰 7

观　测　日　期：2019 年 11 月 16 日。

图　像　位　置：69.2° E，67.5° S。

数据源信息：海洋一号 C 卫星海岸带成像仪。

图　像　说　明：图像中展示了南极海岸区域较小体积的海冰随海流变化而呈条带状。

8   南极海冰 8

观 测 日 期： 2020 年 3 月 10 日。

图 像 位 置： 67.7° E，67.3° S。

数据源信息： 海洋一号 C 卫星海岸带成像仪。

图 像 说 明： 位于南极近岸的海冰，由于拍摄时间处于南极由暖转冷的时期，海冰正处于凝结初期，海冰整体强度和厚度都处于偏低水平。

9 南极海冰 9

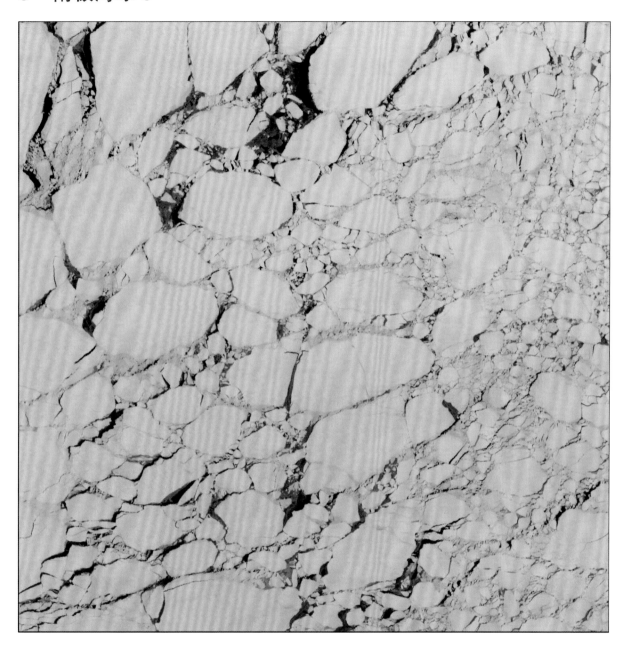

观 测 日 期：2019 年 10 月 30 日。

图 像 位 置：31.7°W，74.8°S。

数据源信息：海洋一号 C 卫星海岸带成像仪。

图 像 说 明：位于南极近岸的浮冰，可以看出是由大块冰破碎后相互作用而形成的大大小
小的浮冰。

10　南极海冰 10

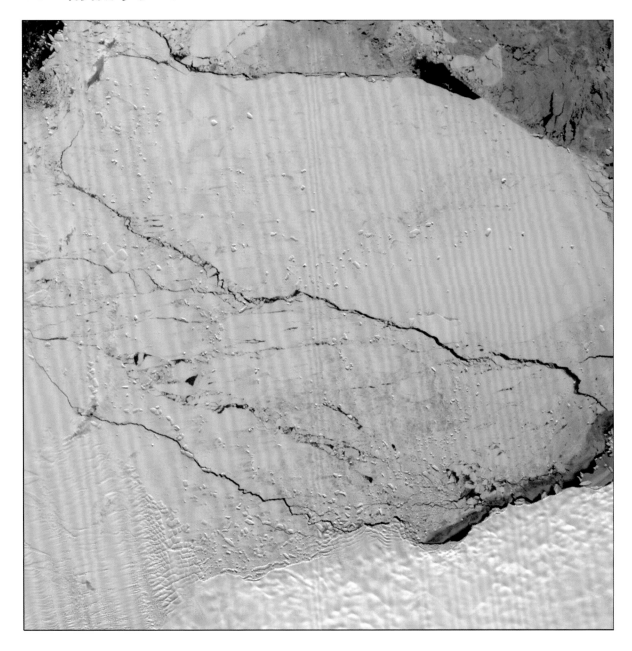

▰　观 测 日 期：2020 年 3 月 10 日。

▰　图 像 位 置：67.7° E，67.3° S。

▰　数据源信息：海洋一号 C 卫星海岸带成像仪。

▰　图 像 说 明：位于南极沿岸的海冰，由于固定冰断裂而成为浮冰的一部分。

11 南极海冰 11

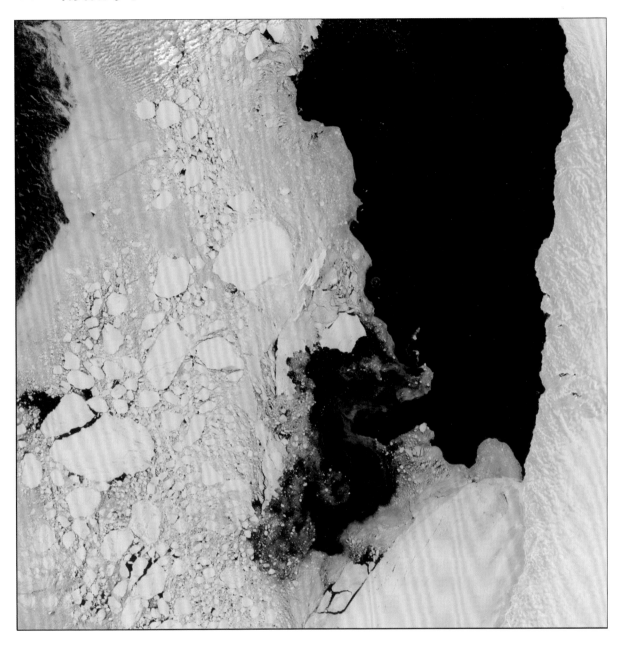

观 测 日 期：2019 年 12 月 12 日。

图 像 位 置：66.9° E，67.0° S。

数据源信息：海洋一号 C 卫星海岸带成像仪。

图 像 说 明：位于南极沿岸，不同大小的浮冰聚集在一起。

12 南极海冰 12

观 测 日 期：2019 年 10 月 29 日。

图 像 位 置：107.3° E，66.3° S。

数据源信息：海洋一号 C 卫星海岸带成像仪。

图 像 说 明：图像中展示了一处位于南极沿岸的固定冰，因其不同的冰面特征而在图像中
呈不同的颜色。

13　南极海冰 13

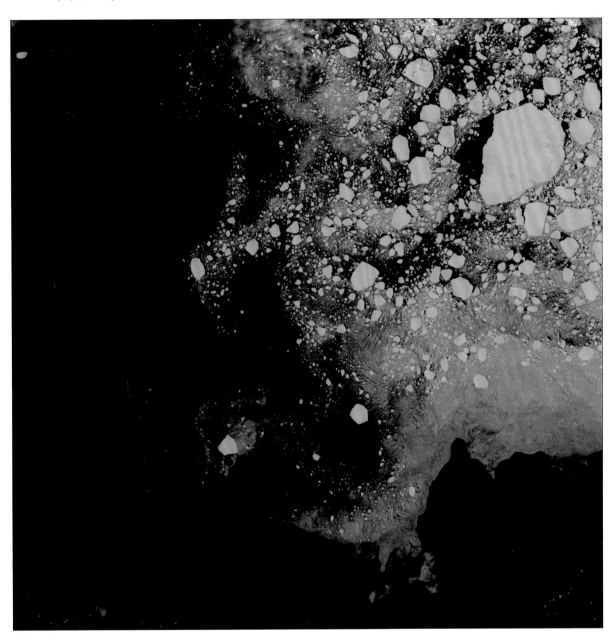

観 測 日 期：2019 年 12 月 12 日。

图 像 位 置：76.3° E，68.1° S。

数据源信息：海洋一号 C 卫星海岸带成像仪。

图 像 说 明：处于冰水交界处的浮冰，卫星成像时间正值南极海冰融化的季节，图中冰水边缘处的浮冰明显尺寸偏小，大部分的海冰深度偏弱，块状特征消失，因受海流影响而呈絮状。

14 南极海冰 14

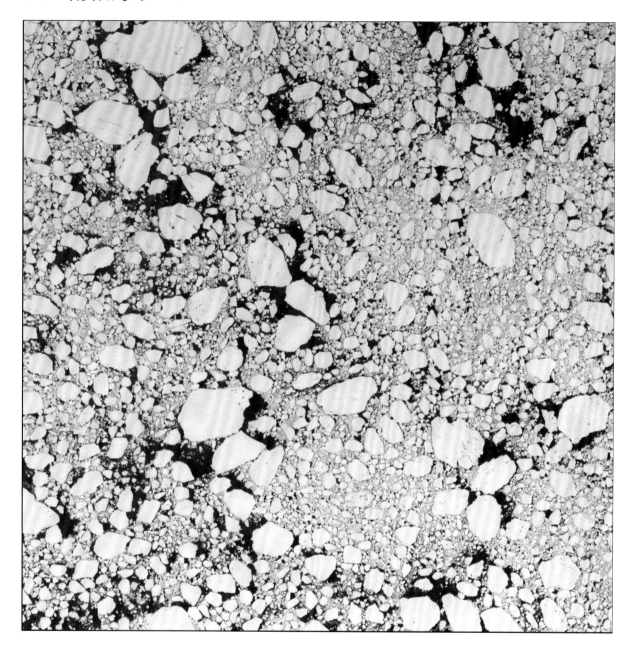

观 测 日 期：2022 年 1 月 4 日。

图 像 位 置：36.0° W，73.5° S。

数据源信息：海洋一号 D 卫星海岸带成像仪。

图 像 说 明：海面上聚集的浮冰，由于海温变化、冰间碰撞等条件的影响而形成大小和形态不一的特征。

1 南极山地 1（毛德皇后地区域）

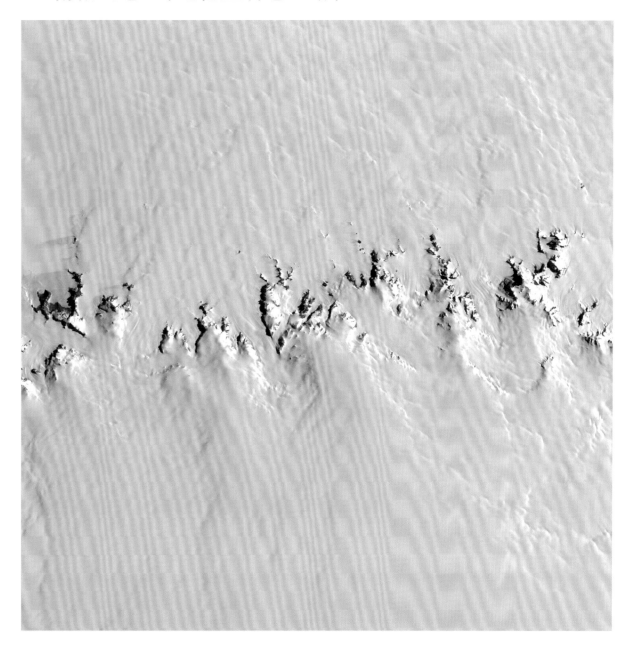

观 测 日 期：2022 年 2 月 2 日。

图 像 位 置：4.8° E，72.0° S。

数据源信息：海洋一号 C 卫星海岸带成像仪。

图 像 说 明：位于毛德皇后地的一个山地区域，基本上被冰川覆盖。

2 南极山地2（毛德皇后地区域）

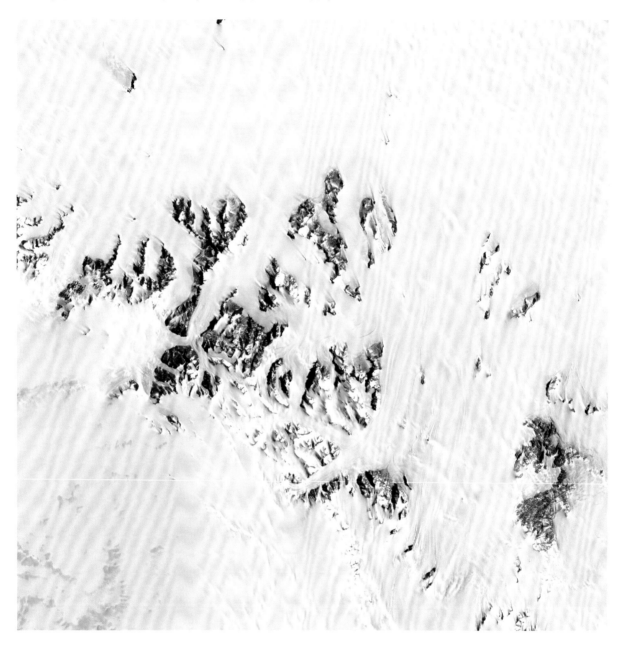

观 测 日 期：2022 年 2 月 2 日。

图 像 位 置：25.5° E，72.0° S。

数据源信息：海洋一号 C 卫星海岸带成像仪。

图 像 说 明：位于毛德皇后地的一个山地区域，图像中显示了该地区的地形特征和冰川覆盖情况。

3　南极山地 3（维多利亚地区域）

> 观 测 日 期：2022 年 2 月 11 日。
>
> 图 像 位 置：161.9° E，77.8° S。
>
> 数据源信息：海洋一号 C 卫星海岸带成像仪。
>
> 图 像 说 明：位于维多利亚地的一个山地区域，图像中显示了该地区的地形特征和冰川覆
> 盖情况，部分山体未被冰川覆盖而呈棕褐色。

4 南极山地4（科茨地区域）

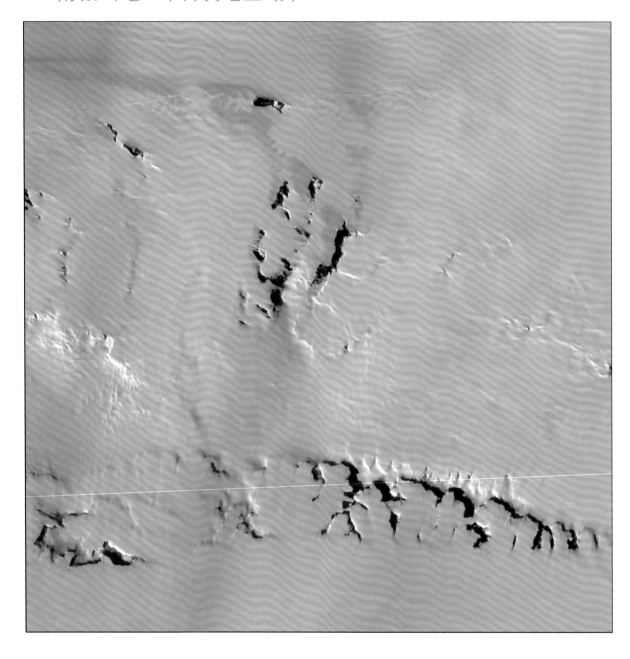

观 测 日 期：2019年10月30日。

图 像 位 置：25.2°W，80.4°S。

数据源信息：海洋一号C卫星海岸带成像仪。

图 像 说 明：位于科茨地一处区域的山地及冰川特征。

5　南极山地 5（南极半岛区域）

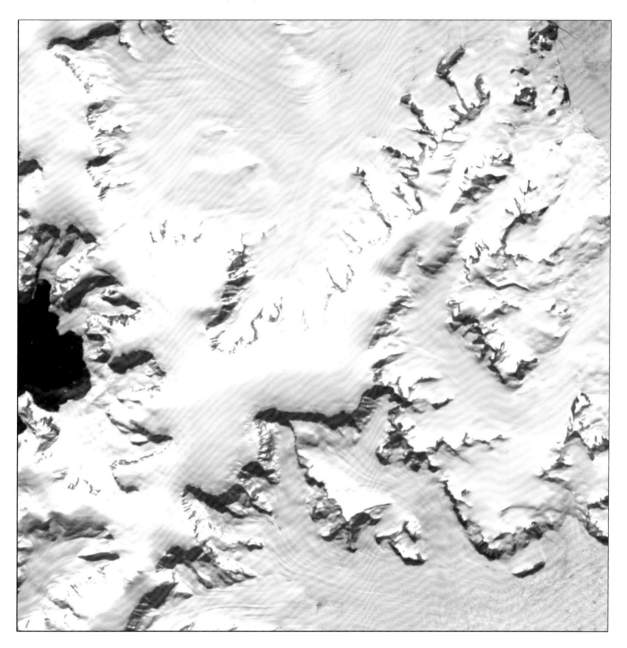

<table>
<tr><td>观 测 日 期：</td><td>2020 年 1 月 20 日。</td></tr>
<tr><td>图 像 位 置：</td><td>61.3° W，64.7° S。</td></tr>
<tr><td>数据源信息：</td><td>海洋一号 C 卫星海岸带成像仪。</td></tr>
<tr><td>图 像 说 明：</td><td>位于南极半岛一处区域的山地特征，大部分山地都被冰川覆盖。</td></tr>
</table>

6　南极山地6（南极半岛区域）

> ▬　观 测 日 期：2020年1月20日。
>
> ▬　图 像 位 置：62.8°W，65.4°S。
>
> ▬　数据源信息：海洋一号C卫星海岸带成像仪。
>
> ▬　图 像 说 明：位于南极半岛一处区域的山地特征，大部分山地都被冰川覆盖，图像右上方
> 　　　　　　　　也有部分区域的山体岩石裸露，呈褐色。

7 南极山地7（维多利亚地区域）

观 测 日 期：2020年3月27日。

图 像 位 置：169.4°W，71.6°S。

数据源信息：海洋一号C卫星海岸带成像仪。

图 像 说 明：位于维多利亚地一处区域的山地特征，图像中冰川的纹理特征变化反映了山
体的地貌特征。

8 南极山地8（横贯南极山脉）

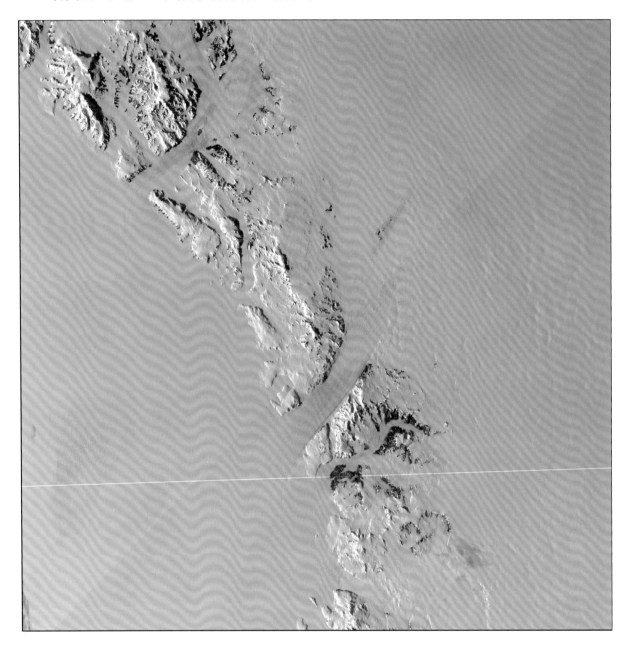

观 测 日 期：2020年2月4日。

图 像 位 置：157.7°E，81.0°S。

数据源信息：海洋一号C卫星海岸带成像仪。

图 像 说 明：横贯南极山脉区域的地形特征，横贯南极山脉从维多利亚地延伸到威德尔海，总长度达3500千米。

9 南极山地9（玛丽·伯德地区域）

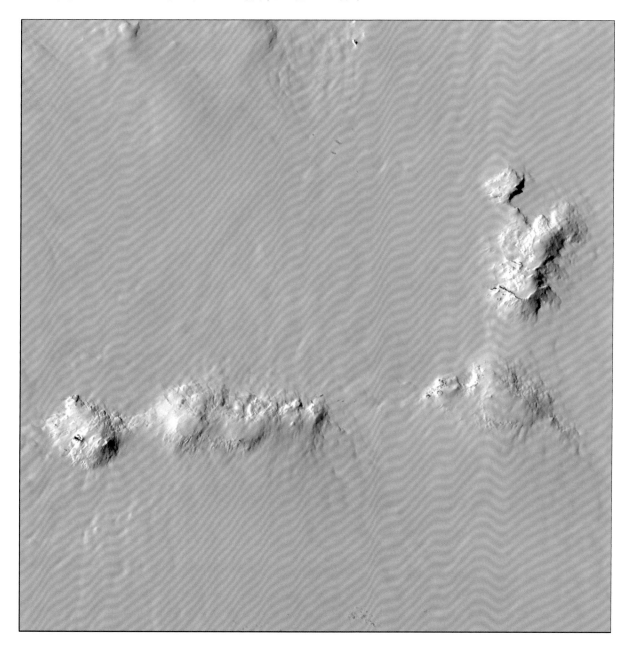

观 测 日 期：2022 年 1 月 4 日。

图 像 位 置：134.1° W，75.8° S。

数据源信息：海洋一号 D 卫星海岸带成像仪。

图 像 说 明：玛丽·伯德地一处区域的山地特征，该区域位于南极内陆，从图像中可以看出，该山体周围地势比较平整。

10 南极山地 10（南极半岛区域）

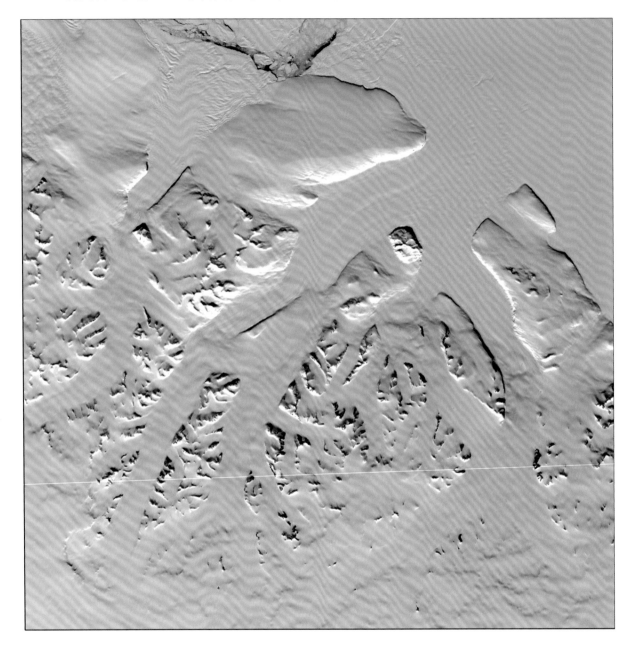

观 测 日 期：2022 年 1 月 15 日。

图 像 位 置：63.7° W，74.7° S。

数据源信息：海洋一号 D 卫星海岸带成像仪。

图 像 说 明：南极半岛一处位于海岸带的山地冰川特征，图像右上角相对平坦的区域为尤尼冰架，图中可以看出该地区小山峰众多，地形复杂。

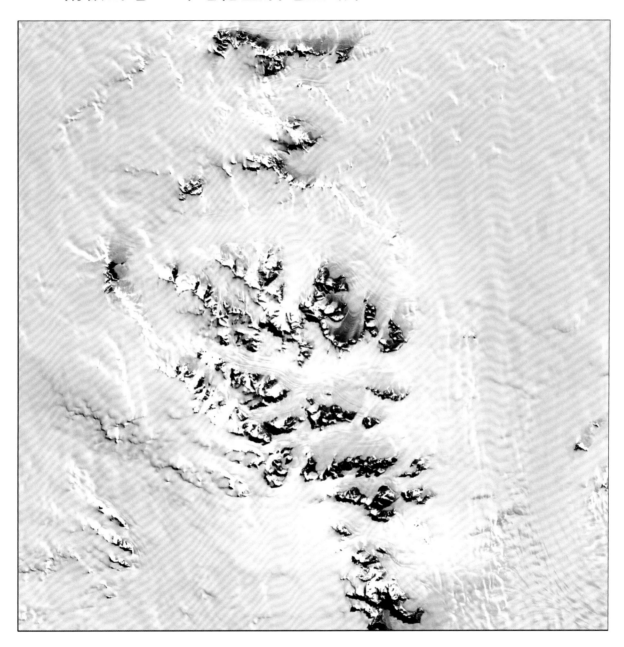

11   南极山地 11（毛德皇后地区域）

观 测 日 期：2021 年 10 月—2022 年 3 月。

图 像 位 置：11.8° E，71.6° S。

数据源信息：海洋一号 C 卫星和海洋一号 D 卫星海岸带成像仪镶嵌影像。

图 像 说 明：毛德皇后地一处区域的山地特征，部分山地区域岩石裸露，呈褐色。

12 南极山地 12（查尔斯王子山脉）

> 观 测 日 期：2021 年 10 月—2022 年 3 月。
>
> 图 像 位 置：66.0° E，70.7° S。
>
> 数据源信息：海洋一号 C 卫星和海洋一号 D 卫星海岸带成像仪镶嵌影像。
>
> 图 像 说 明：查尔斯王子山脉一处区域的山地特征，部分山地区域岩石裸露，呈褐色。

13 南极山地 13（玛丽·伯德地区域）

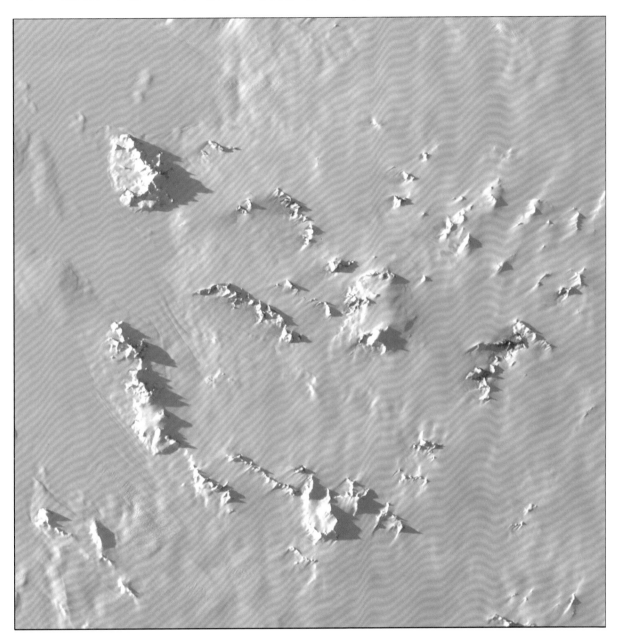

观 测 日 期：2021 年 10 月 6 日。

图 像 位 置：144.7° W，77.0° S。

数据源信息：海洋一号 D 卫星海岸带成像仪。

图 像 说 明：玛丽·伯德地一处区域的山地特征，图像中的纹理和阴影特征反映了山体地貌的特征。

14　南极山地 14（埃尔斯沃思山脉）

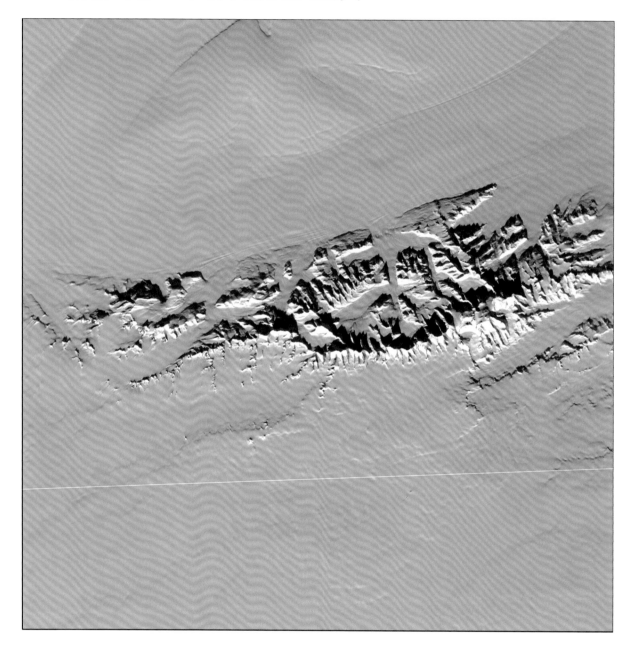

观　测　日　期：2021 年 11 月 9 日。

图　像　位　置：85.7° W，78.1° S。

数据源信息：海洋一号 D 卫星海岸带成像仪。

图　像　说　明：埃尔斯沃思地一处区域的山地特征，山体周边地势较为平坦，该山区由大大
　　　　　　　　小小的众多山体组成。图像中的纹理和阴影特征反映了山体地貌特征。

15 南极山地 15（埃尔斯沃思山脉）

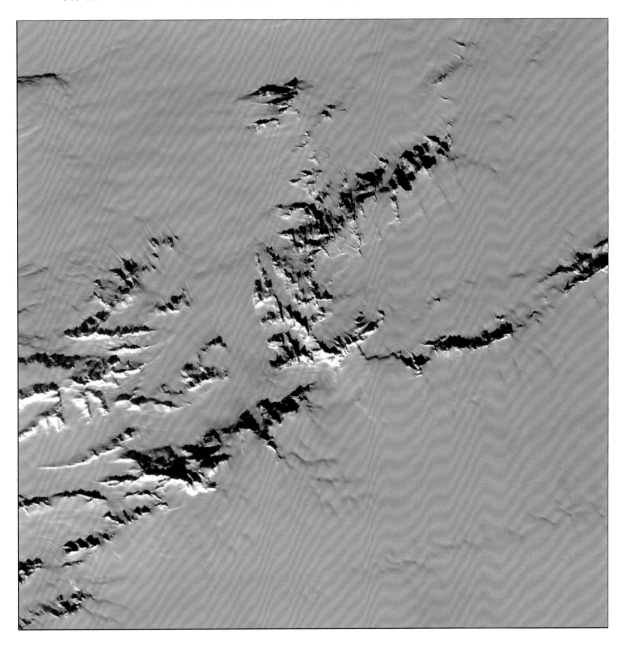

观 测 日 期： 2021 年 11 月 9 日。

图 像 位 置： 83.0° W，79.8° S。

数据源信息： 海洋一号 D 卫星海岸带成像仪。

图 像 说 明： 埃尔斯沃思山脉一处区域的山地特征，图像中的纹理和阴影特征反映出山体地貌的特征。

16　南极山地 16（维多利亚地区域）

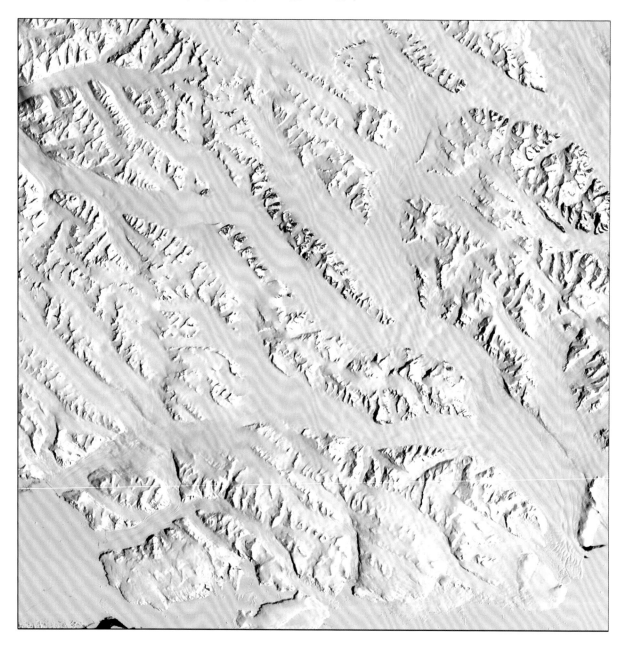

观　测　日　期：2021 年 11 月 27 日。

图　像　位　置：165.6° E，71.4° S。

数据源信息：海洋一号 D 卫星海岸带成像仪。

图　像　说　明：维多利亚地一处区域的山地特征，图像中的纹理特征反映了山体地貌的特征。

17 南极山地 17（横贯南极山脉）

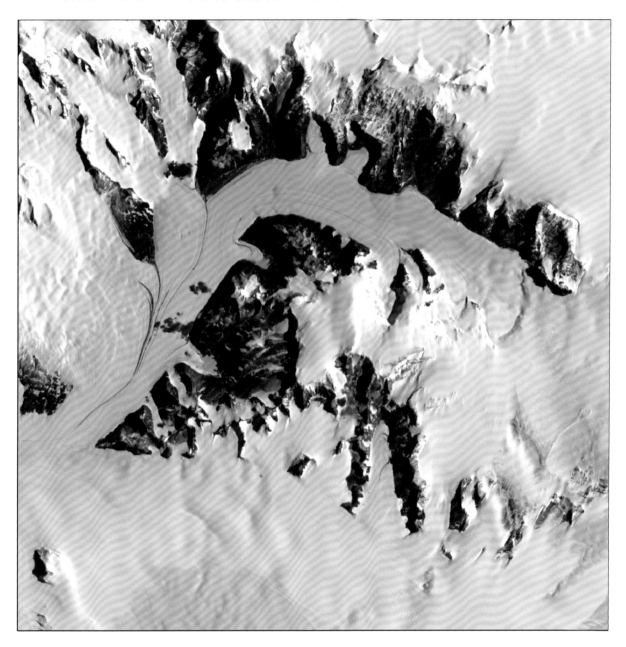

观 测 日 期：2021 年 11 月 30 日。

图 像 位 置：156.4° E，79.9° S。

数据源信息：海洋一号 D 卫星海岸带成像仪。

图 像 说 明：横贯南极山脉一处区域的山地特征，图像中展示了该区域的冰川覆盖和流动
特征。

冰面裂隙

观测日期：	2022 年 2 月 2 日。
图像位置：	26.7° E，69.9° S。
数据源信息：	海洋一号 C 卫星海岸带成像仪。
图像说明：	冰架前端的裂缝随着冰架的生长和潮汐作用逐步增大，最终造成冰架崩解。

2 冰面裂隙 2（埃默里冰架区域）

观 测 日 期： 2019 年 10 月 10 日。

图 像 位 置： 72.9° E，69.4° S。

数据源信息： 海洋一号 C 卫星海岸带成像仪。

图 像 说 明： 位于埃默里冰架上的相互交错的冰面裂隙，因冰架运动过程中的应力变化而
产生。

3 冰面裂隙 3（彭克角附近）

观 测 日 期：	2019 年 10 月 29 日。
图 像 位 置：	84.2° E，66.8° S。
数据源信息：	海洋一号 C 卫星海岸带成像仪。
图 像 说 明：	彭克角西部冰架区域存在大量的冰架裂隙。

4　冰面裂隙 4（罗斯冰架区域）

观 测 日 期：2020 年 3 月 4 日。

图 像 位 置：177.4°W，77.9°S。

数据源信息：海洋一号 C 卫星海岸带成像仪。

图 像 说 明：罗斯冰架南部形成的冰架裂隙。

5　冰面裂隙 5（菲尔希纳冰架区域）

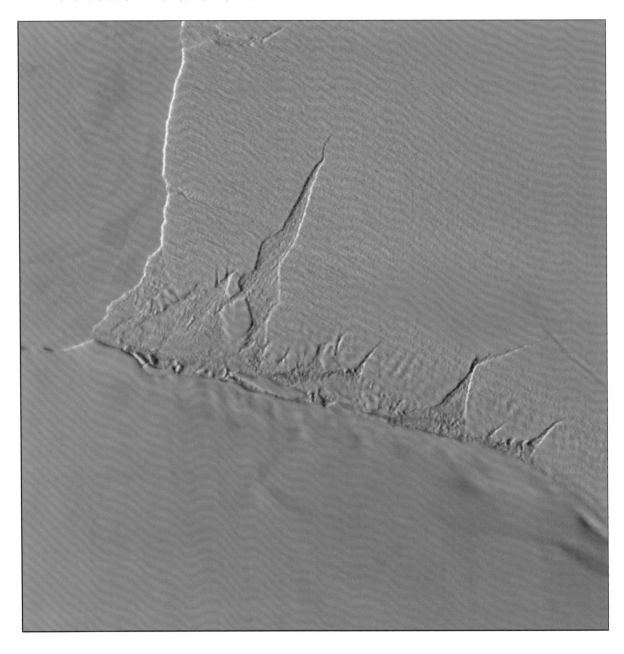

观 测 日 期：2021 年 10 月 1 日。

图 像 位 置：43.8° W，78.2° S。

数据源信息：海洋一号 D 卫星海岸带成像仪。

图 像 说 明：菲尔希纳冰架前端形成大量的冰架裂缝。

6 冰面裂隙 6（罗斯冰架区域）

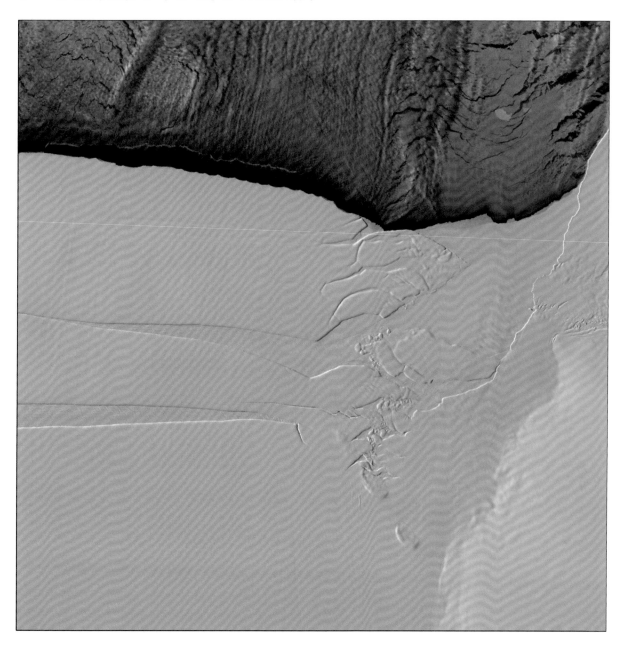

观 测 日 期：2021 年 10 月 6 日。

图 像 位 置：166.3° W，79.1° S。

数据源信息：海洋一号 D 卫星海岸带成像仪。

图 像 说 明：罗斯冰架的罗斯福岛区域附近的冰架裂隙。

7　冰面裂隙7（罗斯冰架区域）

观测日期：2021年10月6日。

图像位置：172.5°W，80.2°S。

数据源信息：海洋一号D卫星海岸带成像仪。

图像说明：罗斯冰架中心区域冰架上形成大量的冰架裂隙。

1 冰面纹理 1

观 测 日 期：2022 年 2 月 8 日。

图 像 位 置：51.9° E，75.9° S。

数据源信息：海洋一号 C 卫星海岸带成像仪。

图 像 说 明：冰川表面粒雪受风的作用形成的波浪状纹理。

2 冰面纹理 2

观 测 日 期：2022 年 2 月 28 日。

图 像 位 置：148.3° E，69.5° S。

数据源信息：海洋一号 C 卫星海岸带成像仪。

图 像 说 明：冰川表面受外力作用形成的条带状纹理。

3 冰面纹理 3

观 测 日 期： 2020 年 1 月 13 日。

图 像 位 置： 73.0° E，78.7° S。

数据源信息： 海洋一号 C 卫星海岸带成像仪。

图 像 说 明： 冰川运动与冰下地形相互作用形成的冰面纹理特征。

4 冰面纹理 4

观 测 日 期：2020 年 3 月 12 日。

图 像 位 置：143.5° W，68.5° S。

数据源信息：海洋一号 C 卫星海岸带成像仪。

图 像 说 明：冰面薄云受风的影响与冰川背景叠加形成的现象。

5 冰面纹理5

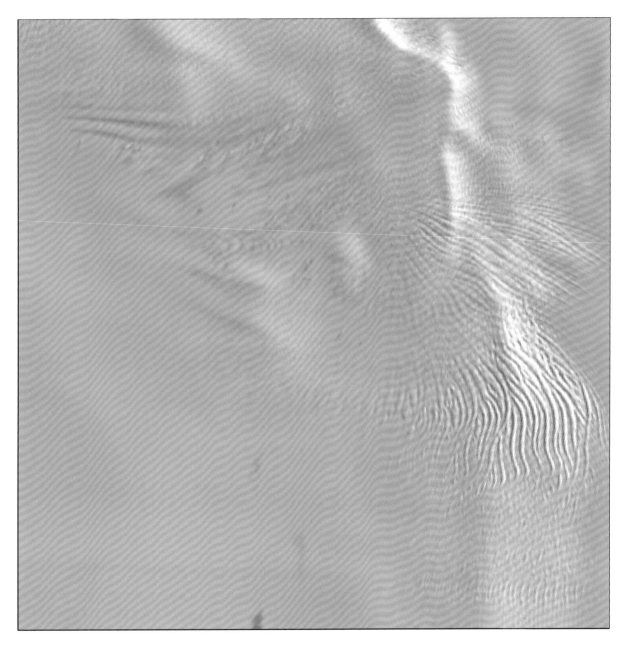

观 测 日 期：2019 年 11 月 8 日。

图 像 位 置：155.9° E，78.6° S。

数据源信息：海洋一号 C 卫星海岸带成像仪。

图 像 说 明：冰川表面粒雪受外力作用形成的波浪状纹理。

1 极地云 1

观测日期：2022 年 2 月 2 日。

图像位置：20.8° E，67.0° S。

数据源信息：海洋一号 C 卫星海岸带成像仪。

图像说明：南极海洋区域的云特征。

2 极地云 2

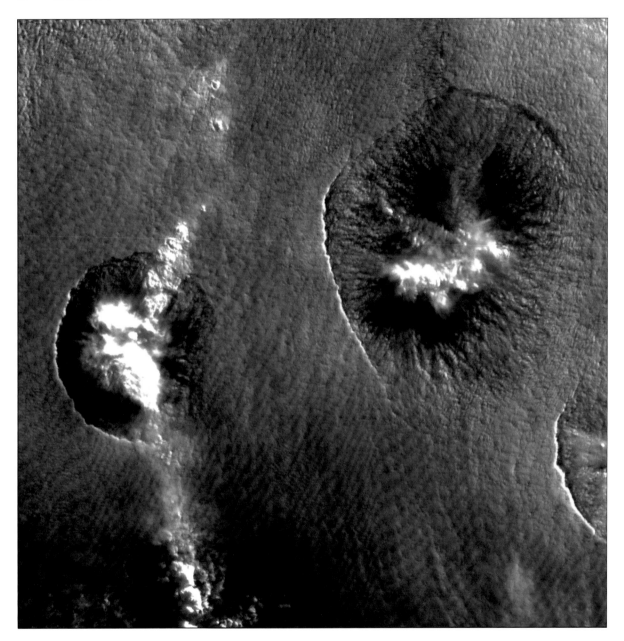

观 测 日 期：2020 年 3 月 27 日。

图 像 位 置：171.6° E，70.0° S。

数据源信息：海洋一号 C 卫星海岸带成像仪。

图 像 说 明：南极海洋区域的云特征。

3 极地云 3

观 测 日 期： 2022 年 1 月 23 日。

图 像 位 置： 51.9° E，72.7° S。

数据源信息： 海洋一号 D 卫星海岸带成像仪。

图 像 说 明： 南极冰川区域的云受风作用形成的现象。

4　极地云 4

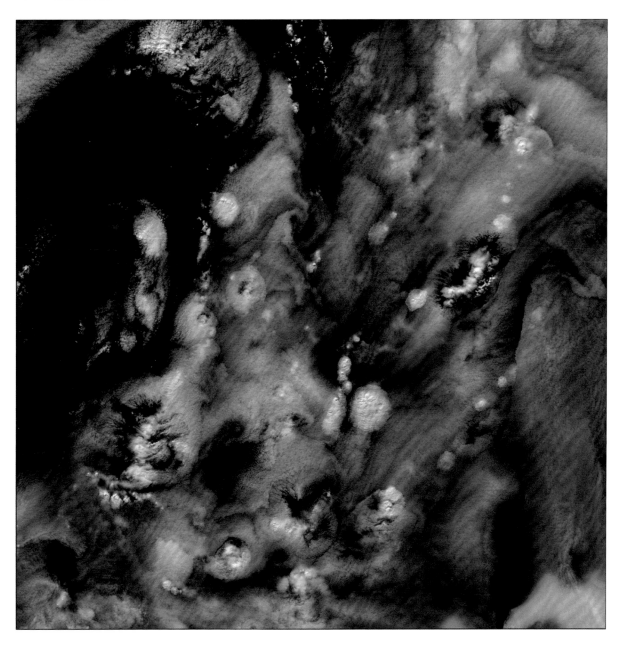

观 测 日 期：2022 年 1 月 28 日。

图 像 位 置：30.8° E，66.4° S。

数据源信息：海洋一号 D 卫星海岸带成像仪。

图 像 说 明：南极海洋区域的云特征。